CRISTIAN ESPINOZA CAMUS
JOSÉ CHARANGO MUNIZAGA-ROSAS

TODOS LOCOS

DE LA ESCASEZ A LA ABUNDANCIA DE PROFESIONALES EN MINERÍA

TODOS LOCOS

Laboratorio de Economía de Minerales
Cátedra de Economía de Minerales
DIMIN - FCFM
Universidad de Chile, julio 2025

ISBN edición impresa: 978-956-6446-00-2
ISBN edición digital: 978-956-6446-01-9

Idea y diseño de portada: Cristian Espinoza Camus
Diagramación: Ebooks Patagonia

TODOS LOCOS

De un recurso escaso a la sobreoferta de profesionales en minería 2000-2025

CRISTIAN ESPINOZA CAMUS

JOSÉ CHARANGO MUNIZAGA-ROSAS

Laboratorio de Economía de Minerales
Cátedra de Economía de Minerales
DIMIN - FCFM
Universidad de Chile, julio 2025

Hay tantas cosas que se pueden complicar, pero antes muerto que dejar de soñar.

Los Caligaris

Dedicado a la memoria de Christian Moscoso W. (QEPD) por ser quien motivó a realizar los primeros análisis de estos temas en 2010-2012 y a la inspiración que dieron Los Caligaris para el título y esquema de este libro.

ÍNDICE

PRESENTACIÓN

Todos locos, puede leerse de diversas maneras, por ejemplo: como un nuevo vagón en el tren de la disciplina de economía de recursos minerales en Chile. Tiene su origen en el primer programa académico del mismo nombre en Latinoamérica a manos de sus creadores Christian Moscoso (U.de Chile) y Phillip Maxwell (Curtin University, Australia). Al igual que aquellos entrañables académicos, que incubaron la necesidad de reimaginar y repensar la minería, los autores de este libro ofrecen generosamente un material que puede ser recibido como la primera aproximación seria de "algo" que viene subterráneamente creciendo entre profesionales y académicos que pertenecen al ecosistema.

Me refiero al confuso espacio de lo que ocurre entre la demanda y oferta de profesionales especialistas de minería, metalurgia y geología, que egresan cada año de universidades públicas y privadas. Los autores, aprovechando la disponibilidad de reciente data y reportes que permite el Servicio de Información de Educación Superior y otras fuentes, muestran la aparición de lo que quizás podría ser una "grieta sistémica en la minería" y que empujado por el brillo que tiene, podría invisibilizar los llamados "efectos colaterales no deseados", y peor aún, debido a la "gravitacional fuerza" de la gran industria minera en su propio paradigma, el tema podría quedar relegado de las academias por otros de mayor "urgencia".

Un fenómeno quizás similar, pero en otra arista de la dinámica industrial en minería, es lo que plantea un reciente artículo denominado "Enclaustramiento tecnológico y de negocio de la pequeña y mediana minería" [1]. Esta tesis explica cómo los desa-

1 Paper Indexado Scielo, disponible en https://revistas.uta.cl/pdf/3040/revista%20ingeniare%20volumen%2031%20articulo%2028.pdf

rrollos tecnológicos de efecto multiplicador en la productividad en la minería a baja escala, pueden ser amenazados y reemplazados por otros más "atractivos" debido a condicionamientos inerciales de difícil erradicación de la gran industria. Esto lo mencionó recientemente los nobel de economía Daron Acemoglu y James A. Robinson. En este caso, los contundentes datos ofrecidos por los autores desplazan de la categoría de anecdótica a relevante una discusión poco habitual en seminarios y claustros académicos e industriales, pero muy común en las preguntas de empleabilidad que habitan en las mentes de nuestras y nuestros egresados sin empleo.

El texto es ameno incluso en su minucioso análisis de datos. Se entregan datos comparativos de las diversas universidades e institutos que componen el sistema educativo chileno, resultando varios de sus hallazgos fundamentales para el quehacer de directores y docentes de escuelas universitarias, así como para los centros de estudiantes de escuelas relacionadas. El avance de la lectura también invita indirectamente a nuevas formulaciones y preguntas sobre una antigua pero vigente tesis, el de la maldición o bendición del recurso mineral, pero cruzada esta vez, en una nueva dimensión, la educativa. ¿Existe una versión latinoamericana del síndrome de enfermedad holandesa, esta vez arraigada institucionalmente en el sistema educativo? ¿Estamos viviendo los resultados de una febril política educativa impulsada por boom del cobre y litio? ¿Existe un problema de diseño del sistema de educación que no cuenta con capacidad de maniobra para una adecuada regulación del mercado? El texto reúne y crea los primeros cimientos para poder avanzar en la comprensión de estas inquietudes legitimas.

GUILLERMO URIBE[2]

---

2 Ingeniero Civil de Minas y profesor de la carrera de Minería èn la Universidad de Talca.

PRÓLOGO

Uno de los conceptos que más se repite en la minería es que es la actividad que mueve al país desde siempre y que el aporte de ella es vital para la economía nacional.

Cuesta encontrar la referencia específica sobre desarrollos antiguos en la historia. Existen antecedentes de minería de cobre en los Andes en eras prehispánicas, el rico legado de los Incas con fastuosas aplicaciones de oro (que de algún lado tenían que salir), el desarrollo de canteras para obtener materiales de construcción o algunas evidencias de lavaderos de oro hace muchos siglos atrás nos dan un indicio de que sobre nuestra larga y angosta faja de tierra la minería ha sido una actividad relevante, importante y por sobre todo, enraizada en el día a día de las comunidades que habitan y habitaron Chile.

En el siglo XIX, con el desarrollo de la industria del salitre, los descubrimientos de yacimientos como Chañarcillo y posteriormente los grandes pórfidos cupríferos El Teniente o Chuquicamata movieron a muchos en búsqueda de una vida mejor en este tipo de labores. Y con ello, la necesidad progresiva de formar gente cada vez más preparada para los desafíos técnicos que los proyectos demandaban.

Es sabido que el desarrollo de las disciplinas como la Ingeniería de Minas, la Geología y la Metalurgia llegaron a Chile de la mano de profesionales y sabios provenientes de lejanas latitudes. El desarrollo de grandes proyectos requirió de la valentía, tesón y conocimiento de empresarios y técnicos que poco a poco, fueron formando equipos locales de cada vez más fiabilidad y conocimiento. Y como parte de eso, el desarrollo de una educación técnica, y luego profesional, fue parte invaluable del proceso minero en los siglos XIX y XX.

Junto con cambios profundos en la historia del país, por efectos internos o externos, el desarrollo de las disciplinas ligadas a la minería se centró en Santiago y las capitales del norte (Antofagasta, Copiapó y La Serena). Esto se mantuvo inalterable por prácticamente 150 años. La carrera profesional contaba con pocos alumnos y relativo interés. No fue sino hasta el advenimiento de la apertura comercial de Chile de mediados de los 90 que eso comenzó a cambiar y la liberalización de la economía trajo consigo el tímido interés por formar nuevas escuelas de minería en el país.

Fue en esos procesos noventeros, y la explosión de mediados de 2000 y la primera década de este siglo, que se marcó un camino de expansión inusitada sobre la oferta académica y profesional para las carreras de minería, geología y metalurgia. Ello marcó un antes y un después en la industria, por las múltiples posibilidades que abrió y a la vez, por la sobreoferta que se observaba en aquel lejano 2011 cuando los diarios de circulación nacional invitaban a estudiar este tipos de carreras por la alta rentabilidad que tenían y los sueldos millonarios que se podrían obtener.

Lamentablemente, ese aumento explosivo de vacantes no necesariamente conlleva a una expansión en similar medida del mercado laboral. Aparecieron problemáticas en la ocupación de este tipo de profesionales y el mercado, lo que resulta ser una verdad incómoda que vale la pena investigar.

En este libro no se pretende desanimar a nadie que decida desempeñarse en la minería como opción para su desarrollo profesional. Es más, es necesario que nuevas ideas se exhiban en el ambiente minero nacional, pero sabiendo de las reales limitaciones que esto tiene, quizás podamos comprender el problema, y con una visión país, generar mejores condiciones para el futuro. Creemos que no podemos evadir esta conversación. Necesitamos dialogar, cuestionar y accionar. Y este trabajo apunta a eso. A que podamos reunirnos, conversar, discutir y repensar este oficio que nos apasiona y amamos.

En 2011, ya con un lustro trabajando en minería fui a un diplomado de Economía de Minerales, disciplina que en la Universidad de Chile lideró por años el profesor Christian Moscoso Wallace (QEPD). Al culminar el programa académico, mi trabajo final tomó elementos que se desarrollan en esta publicación, pues en aquellos años la profusa difusión de los salarios en minería y carreras afines empujaban a un inusitado interés por estas disciplinas. Se intuía que venían tiempos complejos, dada la libertad para la creación de nuevos programas, la proliferación de universidades de cuestionable calidad y un futuro nacional difícil.

En el 2015 amplié esa visión a otro mercado minero, como el australiano, donde la realidad es que el número de programas es acotado y los profesionales toman rumbos diferentes a la industria en el mediano plazo. Mientras en Chile ya se comenzaban a ver los primeros titulados de nuevos programas, en Australia había una carencia de profesionales y la opción de radicarse y trabajar en esos parajes era una opción real.

Así, llegamos a un 2025 donde es posible ver, con la perspectiva de la historia, lo que ha sido el desarrollo de la minería, geología y metalurgia en un lapso razonable de tiempo. Es necesario abrir la discusión sobre el presente y el futuro de un sector clave para el desarrollo del país. Es esa la invitación, porque visto desde fuera no somos muchos, desde adentro no somos pocos, pero definitivamente podemos concluir que estamos todos locos.

NO SOMOS MUCHOS

La minería es, para muchos, la actividad económica más importante del país, y eso se ve refrendado en las cifras que indican que en los últimos años dicha actividad representa de forma directa el 16.4% del producto interno bruto del país, con ventas del orden de 40 mil millones de dólares por año, impactando de manera directa e indirecta en el 20% del total de la economía local.

Gráfico 1. Aporte de la minería al Producto Interno Bruto de Chile, período 2011-2023 (Fuente Statista.com)

Cabe notar que en los últimos años, el fuerte incremento en los valores de la minería no metálica (debido al superciclo en los precios de litio) y una baja en la producción de cobre (debido al deterioro progresivo de leyes de mineral y un retraso significativo en proyectos de reposición de producción en faenas mineras importantes) generó el cambio en los pesos relativos del producto interno a nivel país, aunque se prevé que en 2024 y los años venideros, dado el ajuste en los precios de productos como el litio y la reposición paulatina de producción de cobre, se retome la tendencia exhibida en el período 2011-2021.

Al desagregar el PIB a nivel regional, el impacto en las zonas donde se registra la actividad minera es esencial. En los últimos años la tendencia es creciente, tanto por la actividad minera en sí, como en todo el ecosistema de servicios y negocios vinculados a la actividad.

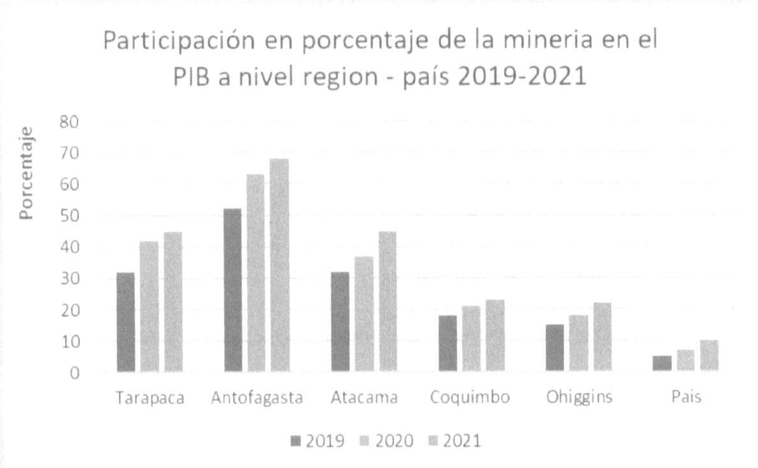

Gráfico 2. Participación de la actividad minera en el PIB regional y país período 2019-2021 (Fuente: Cochilco. Análisis del impacto socioeconómico de la actividad mineral a nivel regional. 2022)

En Tarapacá, el PIB minero bordea el 50% del total, en Antofagasta es más del 70%, Atacama el 45% y en rangos más bajos Coquimbo y O'Higgins que el ratio está en torno al 30%. En todos esos casos, la minería marca preminencia sobre cualquier otra actividad económica aunque está abierto el debate sobre si la generación de recursos tiene una correlación con el nivel de servicios públicos y privados que la población que vive en esas regiones tiene para su bienestar.

En cuanto a las exportaciones, la minería incorpora a más del 55% de todo lo que exporta el país al extranjero, siendo por lejos la actividad más incidente en la materia.

Gráfico 3. Exportaciones mineras y participación del total de exportaciones país (Fuente: cifras actualizadas de la minería. Consejo Minero. Julio 2024)

Si bien las cifras de actividad y el impacto en las cuentas públicas son importantes, es bueno precisar que el uso de mano de obra en esta actividad no es intensivo en relación al total de la fuerza laboral del país. Esto, por cuanto el nivel de automatización de las operaciones, el uso intensivo de tecnología y el grado de especialización que requiere el negocio considera aproximadamente solo un 3% del total de la fuerza laboral del país. De hecho, en 2023 la actividad minera (de forma directa) consideró un total de 278.000 puestos de trabajo en comparación a los 9.273.000 ocupados en el país.

Esta cifra considera a todos los empleos directos de la industria, esto es profesionales, técnicos y mano de obra no calificada. Además, hay que sumar el empleo indirecto, que se estima es del orden de 2,55 empleos por cada empleo directo, lo que totaliza el orden del 10% de la fuerza total de trabajo en Chile[3].

Gráfico 4. Detalle de empleos en minería período 2010-2024 (Fuente: cifras de la minería, actualización julio 2024. Consejo Minero)

En este punto las dudas abren la discusión: ¿cómo se distribuye esta mano de obra en la industria? ¿Quiénes la conforman y cómo podríamos identificar a esta gente? ¿Qué hacen, dónde desarrollan sus actividades y qué funciones realizan?

Esas preguntas no son simples de responder y hay pocas referencias de estudios en la materia. En cuanto a la gran minería

3 Consejo Minero. Minería en números, 6ta edición. 2022.

de cobre, el esfuerzo más significativo es el estudio "Fuerza Laboral en la Gran Minería" desarrollado por el Consejo de Competencias Mineras del Consejo Minero desde 2012 y que realiza un estudio de detalle sobre la caracterización de la mano de obra, la oferta educativa y la demanda proyectada en la gran minería (y por extensión las empresas proveedoras y contratistas) en un horizonte de planificación de 10 años.

En su última versión, el estudio apunta a la caracterización de 78.149 trabajadores, lo que corresponde a un 33% del universo estimado del sector. Esto, considerando 55.446 trabajadores propios de las empresas (que representa al 96% de los trabajadores internos de las compañías mineras) y 22.703 colaboradores (que representa al 13% del universo estimado de empresas contratistas que prestan servicios a la gran minería).

Sobre esto, el estudio muestra que la dotación interna de las compañías se mueve entre el 32% y el 40% principalmente por el desarrollo de proyectos de gran tamaño. El mundo contratista genera entre el 60 al 68% restante, considerando aportes en toda la secuencia de labores y trabajos desde la exploración geológica hasta la comercialización de productos, pasando por la explotación y beneficio de diversos minerales.

Cuando vemos la composición que esta investigación entrega sobre el tipo de funciones, se contemplan las siguientes cifras:

Gráfico 5. Tipos de cargos en empleos de empresas mineras – empleos directos 2020-2022 (Fuente: Estudio fuerza laboral en la gran minería. CCM-Avanza, 2024)

De acuerdo a estas cifras, el 15% de la dotación directa son profesionales, y de ellos solo una parte corresponde a las carreras de Ingeniería de Minas, Geología y Metalurgia. Al ponderar la cifra sobre el total de la dotación propia de mineras, la cifra de profesionales está en torno a 8.300 personas. Y de ellas, hay que extraer diversas profesiones que hacen de las carreras sectoriales un subconjunto aún menor.

Al revisar las cifras en empresas proveedoras, vemos que los profesionales corresponden al 10%. Sin embargo, dado que el universo de la muestra del estudio representa al 13% de las empresas proveedoras de la minería, esta cifra tiene un potencial significativo respecto de las posibilidades de crecimiento en la empleabilidad de las carreras de minería. El estudio caracteriza principalmente a las mayores compañías contratistas y es en el segmento PYME y mediana empresa donde se verifica la mayor creación de empleo y por extensión, de uso de la mano de obra calificada.

Gráfico 6. Tipos de cargos en empleos de empresas contratistas y proveedoras – empleos directos 2020-2022 (Fuente: Estudio fuerza laboral en la gran minería. CCM-Avanza, 2024)

Pese a ello, el mismo estudio alerta sobre la brecha existente entre la oferta y demanda de profesionales en la gran minería e indica que para profesionales de Extracción Mina hay una sobreoferta calculada de 2.469 profesionales; de Geología y Exploración del orden de 3.750 personas y profesionales de procesamiento en torno a 1.641 personas.

Mediana y pequeña minería en chile

Así como el Consejo Minero ha hecho importantes aportes al estudio de la Gran Minería Chilena, es Cochilco y su división de estudios junto a la SONAMI quienes han entrado en el estudio de la mediana y pequeña minería en el país.

Una primera aproximación es en términos de lo que significan estas industrias en Chile. La mediana minería, que considera un número aproximado a las 20 faenas, sumó una producción en 2022 de 198.498 toneladas de cobre, 3.616 kilos de oro y 80.384 kilos de plata[4] con envíos en torno a los 2.000 millones de dólares (2023).

El empleo de la mediana minería considera 49.675 personas[5], lo que corresponde a un 18% del total del empleo directo en el sector en el país y ha mostrado un sostenido crecimiento desde el año 2020 a la fecha, siendo incidente en las regiones del norte del país. Eso lo muestra el siguiente esquema:

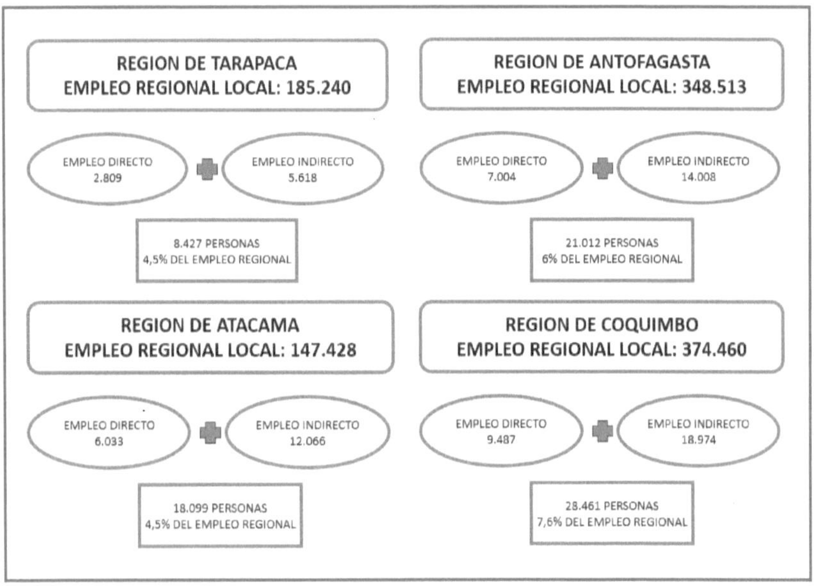

Como se puede apreciar, por cada empleo directo, se generan dos empleos indirectos y suman entre el 5 al 12% de la mano de obra en cada una de las regiones en estudio

La pequeña minería, que exportó en 2022 minerales por 516 millones de dólares, sumó 48.797 toneladas de cobre, 1.394 kilos de oro y 10.896 kilos de plata. En este nivel, la actividad

4 Cochilco: monitoreo de variables e indicadores relevantes en pequeña y mediana minería. 2023.

5 Encuesta INE, trimestre móvil mayo-julio del 2023

suma 18.972 personas en todo el país, que corresponde al 7% de la mano de obra del sector minero de Chile[6] y se caracteriza por faenas de 1 a 49 personas de acuerdo al INE y al Código del Trabajo.

Este sector tiene mayor presencia en las regiones de Atacama y Coquimbo, donde su incidencia regional es mayor, como se puede apreciar en el siguiente esquema:

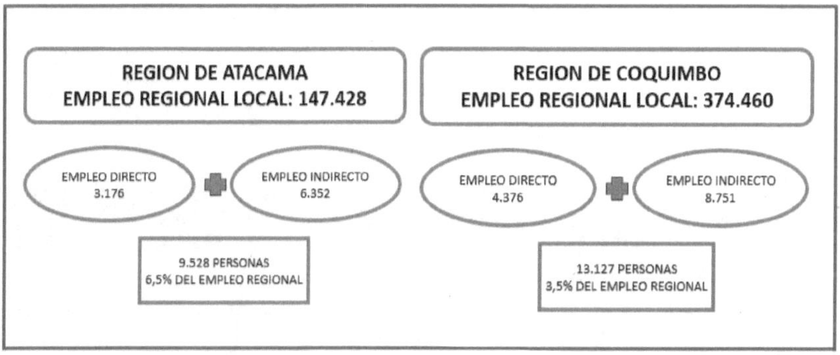

A diferencia de la gran minería, las cifras y las fuentes de información no permiten tener una aproximación a la cantidad de profesionales y técnicos que operan en ese tipo de faenas. Es necesario indicar que esto abre un campo importante de investigación, y de potenciales negocios, toda vez que la escala requiere de la creación de nuevos emprendimientos y la necesidad del uso de nuevas tecnologías, ideas y recursos para modernizar y mantener activo el negocio. El desafío es el agotamiento de recursos, la profundidad a la cual se encuentra la mineralización y el aumento de los costos de explotación, ya que hacen que el sector viva en una constante pugna por su viabilidad aunque también esconde una inmejorable oportunidad de desarrollo.

6 Encuesta INE, trimestre móvil mayo-julio de 2023.

NO SOMOS POCOS

Los mercados de *commodities* han experimentado ciclos marcados en las últimas dos décadas. Esto ha generado la necesidad inmediata de personal calificado, la generación de estructuras organizacionales complejas llenas de desafíos para profesionales de alta especificación y el desarrollo de programas de formación en todos los niveles para satisfacer la demanda de personal de dichos proyectos.

En los últimos 20 años, en el cobre se advierten claramente 3 superciclos de precios que impulsaron la creación de programas de educación superior en pre y posgrado, más educación técnica de nivel superior orientada a la minería y, por extensión, a disciplinas como la metalurgia o las ciencias de la tierra (Geología y también Geofísica).

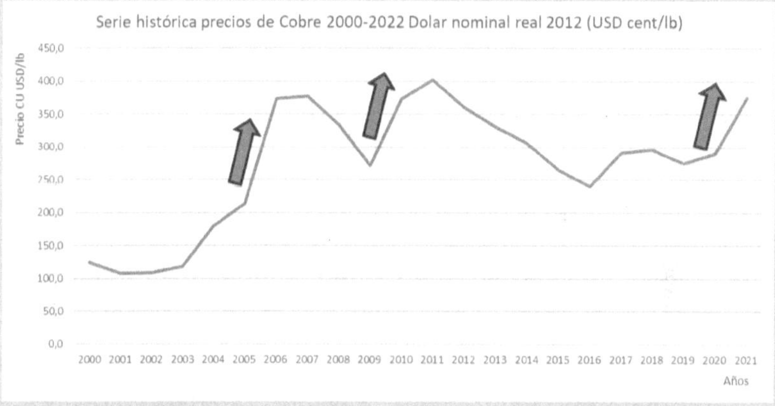

Gráfico 7. Serie histórica de precios de cobre 2000-2022 (elaboración propia en base a datos de Cochilco)

En ese sentido, el impulso hizo explotar la cantidad de programas académicos universitarios en Chile para las carreras de Ingeniería de Minas, Geología y Metalurgia lo que generó un desacople entre la demanda real de personal y las cifras de egresados y personal disponible. Si a esto se suma el crecimiento de la economía local en el mismo período, la diferencia entre la demanda proyectada de profesionales y el potencial desarrollo de iniciativas que requieran de dichos servicios, aumenta considerablemente.

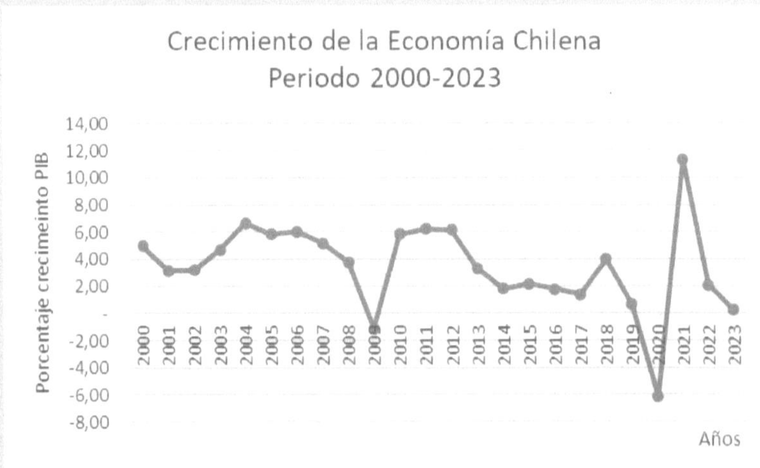

Gráfico 8. Crecimiento de la economía chilena período 2000-2023 (elaboración propia en base a datos del Banco Mundial[7])

Como se aprecia en este gráfico, el crecimiento económico chileno pasó de estar en el 5% anual a cifras bajo 2% en la última década, desacelerando buena parte de los sectores productivos del país. La recuperación de 2021 pospandemia es un dato anómalo en la serie, considerando la crisis subprime de 2007 y los efectos del COVID-19, ya que hacen que el país esté creciendo a tasas muy bajas en el último decenio. Este hecho impacta en la creación de empleo, lo que nos lleva a analizar en detalle los cambios ocurridos en cada una de las especiali-

7 https://datos.bancomundial.org/indicator/NY.GDP.MKTP.KD.ZG?end=2023&locations=CL&start=2001&view=chart

dades relativas de la minería con datos de cantidad de programas, titulados, costos y tendencias en el tiempo.

Antecedentes históricos de la enseñanza de pregrado en minería

La carrera de Ingeniería de Minas en Chile está vinculada a los orígenes de la enseñanza de la Ingeniería en Chile. Desde 1853, con la creación de la carrera de Ingeniería de Minas en la Universidad de Chile, hasta hoy que existen 26 planteles con 39 programas de pregrado, 4 planteles con programas de posgrado y 9 con programas de técnicos de nivel superior, generan la oferta académica 2024 para el sector.

La Ingeniería de Minas es una las disciplinas pioneras creadas en el país bajo decreto del 7 de diciembre de 1853 en la Facultad de Ciencias Físicas y Matemáticas de la Universidad de Chile junto con las carreras de Ingeniería geográfica, Ingeniería de puentes y caminos y Arquitectura. Son 171 años de enseñanza de la minería en Chile, agrupada en la Universidad de Chile y la ex Universidad Técnica del Estado, como formadores principales de los profesionales de la minería en el país durante más de 120 años.

En el norte, tres casos resaltan en la historia de la enseñanza minera que vale la pena consignar. En Antofagasta, la necesidad de personal conocedor de la extracción y manejo del salitre llevaron a crear en 1918 la Escuela Industrial del Salitre la que con el tiempo pasó ser la Escuela de Salitre y Minas y posteriormente, la Escuela de Minas de Antofagasta, que en su minuto fue la sede nortina de la Universidad Técnica del Estado hasta el 10 de marzo de 1981, cuando se fusionó con la sede en Antofagasta de la Universidad de Chile, creando la actual Universidad de Antofagasta.

Fotografía 1. Escuela Industrial del Salitre de Antofagasta[8]

En Copiapó, la fiebre del oro generada por el rico yacimiento de Chañarcillo movió al presidente Manuel Montt en 1857 a crear en dicha ciudad la Escuela de Minas que sería un centro de formación importantísimo no solo para la Región de Atacama sino también para países vecinos como Argentina y Bolivia. En 1952, la Escuela de Minas de Copiapó se transforma en la Universidad Técnica del Estado sede Copiapó y en 1957 se crea la especialidad de Metalurgia Extractiva. El 26 de octubre de 1981 y luego de crearse provisoriamente el Instituto Profesional de Atacama se crea la actual Universidad de Atacama que se mantiene hasta el día de hoy.

8 Imagen antigua de la Escuela de Minas de Antofagasta (https://www.uantof.cl/nuestra-historia/)

Fotografía 2. Vista aérea de la Escuela de Minas de Copiapó[9]

Mientras tanto en La Serena, en 1838, el sabio polaco Ignacio Domeyko, considerado el padre de la minería en el país, crea el curso de Química y Mineralogía en el Instituto Departamental de Coquimbo, actual Liceo de Hombres de La Serena. Este sería el primer hito para que cuatro décadas más tarde, el 26 de agosto de 1887, se fundara la Escuela Práctica de Minería de La Serena. En 1952 al igual que en Copiapó, se creó la Universidad Técnica del Estado, sede La Serena y posteriormente en 1981 se fundó la Universidad de La Serena al fusionar la sedes regionales de la Universidad Técnica y la Universidad de Chile en dicha ciudad.

9 Imagen antigua aérea de Copiapó en 1937. American Geographical Society Library, Wisconsin University. Referencia web https://www.geovirtual2.cl/Copiapo/copiapo-atacama-foto-aerea-chimba-1937-total.htm

Fotografía 3. Escuela de Minas de La Serena (Universidad Técnica del Estado Sede La Serena. 1965)[10]

Finalmente en Santiago, la Universidad de Chile en 1843 y luego la Escuela de Artes y Oficios creada en 1849 fueron las instituciones precursoras de la enseñanza minera en la capital del país. En el caso de la Escuela de Artes y Oficios, se convirtió posteriormente en 1940 en la Escuela de Ingenieros Industriales, y dicha entidad fue el precursor de la Facultad de Ingeniería de la Universidad Técnica del Estado, creada en 1947, la que finalmente en 1981 se transformó en la actual Universidad de Santiago de Chile (USACH), cuna de muchos profesionales para el sector minero en el país.

10 Revista La Gaceta número 6, 1965. Extraído del archivo patrimonial de la Universidad de Santiago de Chile ref.: https://archivopatrimonial.usach.cl/escenicas/?p=619

La existencia de cinco universidades formando ingenieros de minas se mantuvo hasta el inicio del superciclo de 2005-2006. Durante este período la falta de profesionales forzó la creación de muchos programas de pregrado en nuevos planteles universitarios en el país. Cabe notar que en la década del 90, fue la Universidad Católica la que creó su Centro de Mineria en 1993 e INACAP que creó su propio programa desde 1998. Esto fue una notable excepción en la formación de profesionales mineros porque se sumaba a las otras cinco entidades con programas en la materia.

Descripción de la oferta en Ingeniería de Minas

En la actualidad, la oferta de pregrado en el área de minería asciende a 36 programas, distribuidos en 25 universidades del país. Todas ellas desembocan en la obtención de un título de ingeniero de minas en diversas denominaciones (civil, ejecución, minería) más programas de ingeniería industrial mención minería, ingeniería comercial minera y programas de prosecución de estudios conducentes a ingenierías de ejecución o civil.

Desde mediados del siglo XX la oferta académica se restringía a las capitales regionales del norte del país y a la ciudad de Santiago para el desarrollo de estudios de pregrado en el área. Hoy, se ha ampliado esa frontera hasta la Región de Tarapacá por el norte y hasta el Biobío por el sur con programas dictados en ciudades tales como Iquique, Calama, Valparaíso, Curicó y Concepción para estudiar minería en Chile.

La ampliación de la oferta obedece a tres hitos fundamentales en los últimos 25 años. En primer lugar la creación del Centro de Minería UC e INACAP en 1994 y 1998 respectivamente que ampliaron la oferta desde las universidades tradicionales en el área. En segundo lugar, 8 nuevos programas entre 2009-2012 y luego el boom con programas de prosecución de estudios (2013-2015) más nuevas casas de estudio y programas en el país.

En cuanto a la matrícula de la carrera, las cifras nos muestran un aumento explosivo de la oferta académica y de los alumnos matriculados en ella. Veamos una comparativa 2012-2023 para la carrera de Ingeniería Civil de Minas según los datos del Ministerio de Educación chileno:

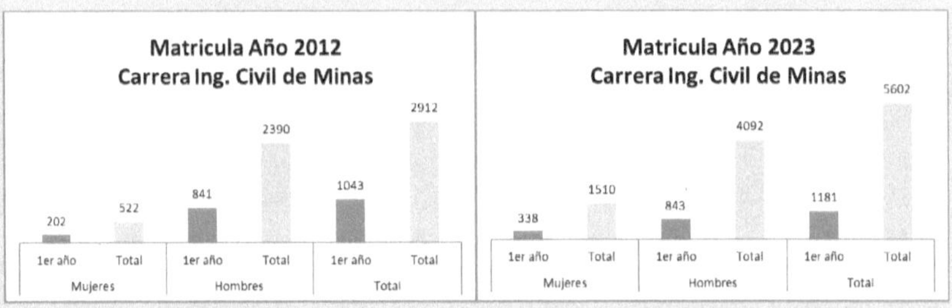

Gráfico 9. Matrícula años 2012 y 2023 en programas de Ingeniería Civil de Minas[11]

Es curioso notar que existen diferencias significativas entre el acceso a primer año en la carrera y el total de matriculados. En el primer caso, se aprecia un aumento total del 13%, el crecimiento es significativo en las mujeres que ingresaron a la carrera (67% más de matriculadas). Sin embargo, en los matriculados totales de la carrera, la diferencia es de un 92% más. Esto se explica por cuanto el atractivo aumenta con los superciclos de precios y la matrícula engloba los ingresos a la carrera al me-

11 Fuente: www.mifuturo.cl

nos desde 2018 en adelante cuando el interés era aún mayor por este tipo de programas.

Si sumamos a esta estadística la matrícula de la carrera de Ingeniería de Minas (en formato de 10 semestres académicos) en el año 2023, el universo de estudiantes se eleva a 6.920 de los cuales 1.317 (19%) están matriculados en primer año de la carrera y el 26.4% es mujer.

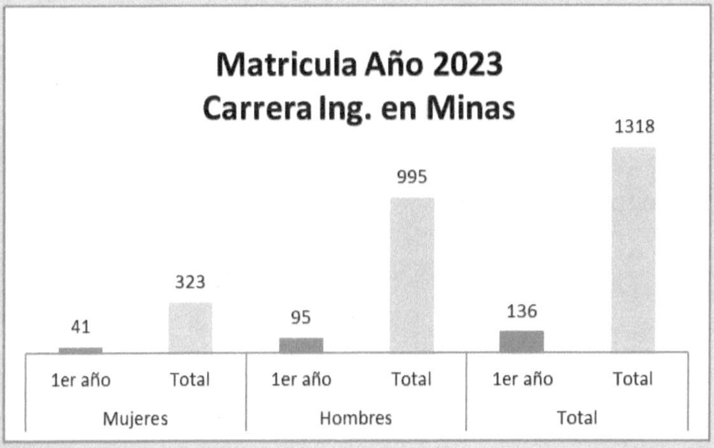

Gráfico 10. Matrícula año 2023 programas de Ingeniería de Minas (10 semestres)[12]

No existen datos sobre los matriculados en otros programas de pregrado de esta área, pero en base a los egresados es posible afirmar que al menos hay un 10% más que habrá que sumar a la matrícula total de las carreras profesionales de minería.

12 Fuente: www.mifuturo.cl

Titulados en carreras de minería: los que llegan a fin de turno

En cuanto a los titulados de las carreras de minería, de acuerdo a los datos del SIES (Sistema de Información de la Educación Superior del Ministerio de Educación de Chile) el crecimiento en el número de profesionales titulados en carreras de minería oscila de 112 ingenieros en 2007 a 971 titulados en 2022. Este aumento de 8 veces en 15 años se explica por el aumento de programas, la variedad de estos, la progresiva incorporación de mujeres en la matrícula de este tipo de programas y la amplitud de formatos educativos (sea presencial, nocturno, online o mixto).

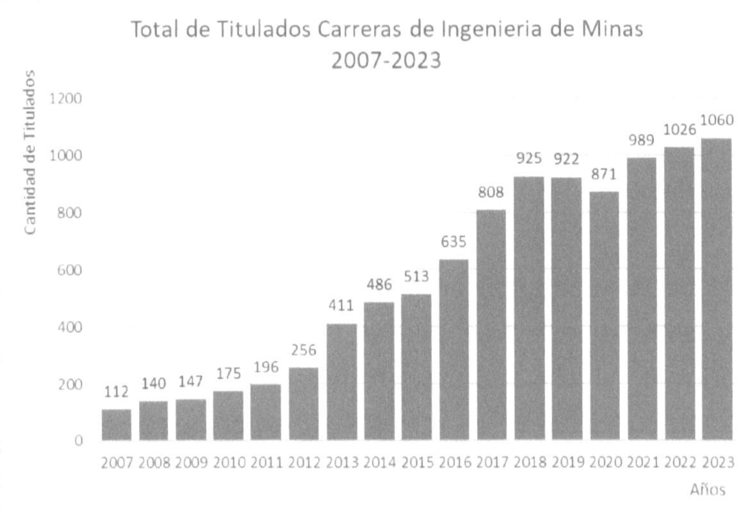

Gráfico 11. Consolidado de titulados de programas de Ingeniería de Minas en todas sus versiones según datos de SIES – Mineduc período 2007-2022.

Al separar los datos por tipo de programa, programas conducentes a obtener el título de Ingeniería Civil experimentan un aumento sostenido y significativo en el número de egresados desde el 2013 en adelante con una desaceleración en 2022 que puede tener relación con el cierre de programas o con titulaciones tardías en universidades en proceso de cierre. Al ver el resto de los grupos, las carreras de prosecución de estudios muestran dos *peaks* coincidentes con los ciclos 2015-2018 y 2021-2023 y los otros subgrupos muestran niveles de egreso similares aunque con detalles significativos en la participación de mujeres en el caso de Ingeniería Industrial o Comercial mención minería.

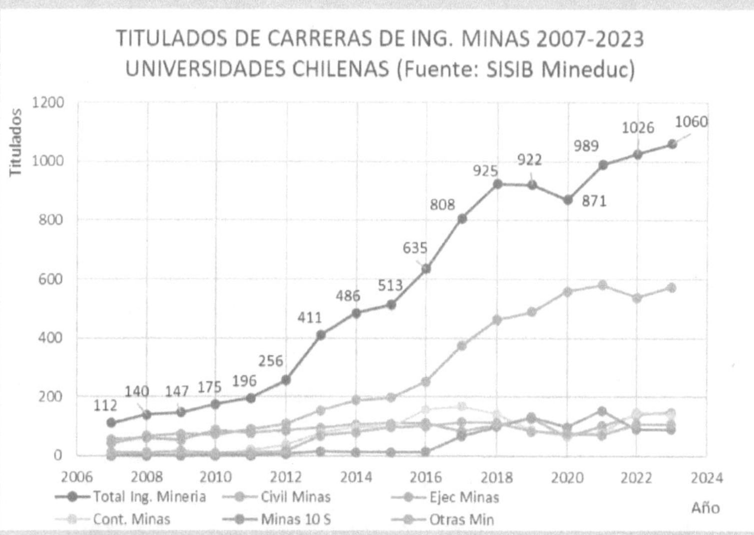

Gráfico 12. Detalle y evolución de titulados de programas de ingeniería de minas, período 2007-2022 (elaboración propia en base a datos de SIES- Mineduc)

Una de las tendencias claras de este período tiene relación con la oferta de programas de pregrado de ingeniería de ejecución minas la que observa un crecimiento muy acotado —debido a que la mayoría de los programas son de Ingeniería Civil— y se transforman en programas de 10 semestres los que sumados muestran una tendencia similar a los programas de Ingeniería Civil de Minas.

Cambio de turno: la progresiva incorporación de profesionales mujeres en minería

Es interesante advertir la tendencia en cuanto al número de profesionales egresando de programas de Ingeniería Civil de Minas y el cambio sostenido en el interés femenino por este tipo de programas académicos. Las 7 ingenieras tituladas en 2007 sobre un total de 43 profesionales (un 16.27%) a las 122 ingenieras de un total de 484 profesionales en 2022 (25.21%). Si ampliamos la estadística a todas las carreras de minería analizadas, podemos apreciar que los programas de prosecución de estudios y la ingeniería de ejecución poseen bajos ratios de presencia femenina en dichos programas y, estudios de ingeniería de minas (10 semestres), ingeniería industrial o comercial con mención en minería tienden a lo contrario. Podemos concluir que la incorporación femenina en el período 2007- 2022 ha aumentado desde un 13.39% a un 24%.

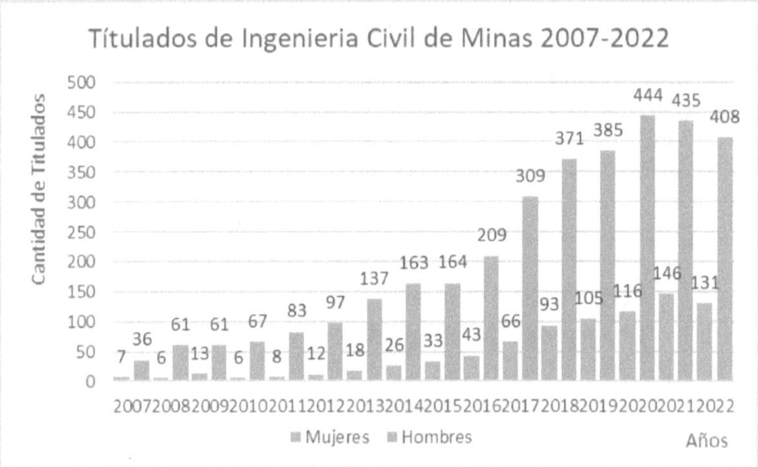

Gráfico 13. Cantidad de tituladas(os) de programas de ingeniería civil de minas período 2007-2022 según datos de SIES-Mineduc (elaboración propia)

Consideraciones de calidad en programas de Ingeniería de Minas

En el sistema educativo, la acreditación universitaria se verifica tanto en universidades como también en programas académicos. Sin embargo, no todas las universidades acreditan sus programas, por lo que la comparación es incompleta si se realiza en ese ámbito.

Por ello, la comparación debe realizarse sobre la acreditación de cada universidad para tener una medida de la robustez del proyecto académico y la solvencia en las distintas dimensiones que se evalúan por la Comisión Nacional de Acreditación (CNA).

En la última década, la acreditación pasó a ser un elemento cada día más relevante para las universidades locales y los esfuerzos por lograr acreditaciones más extensas se ve reflejado en una comparación simple entre los planteles que brindan programas de pregrado en minería en 2012/2013 y la actualidad.

Gráfico 14. Acreditación en universidades con programas en minería 2012-2013 (elaboración propia a partir de datos de CNE-Chile)

Resulta interesante ver que en 2012 que existían un 44% de instituciones con acreditaciones de 5-6 años y a su vez, un 30% de planteles sin acreditación o con plazos de hasta 2 años en la muestra.

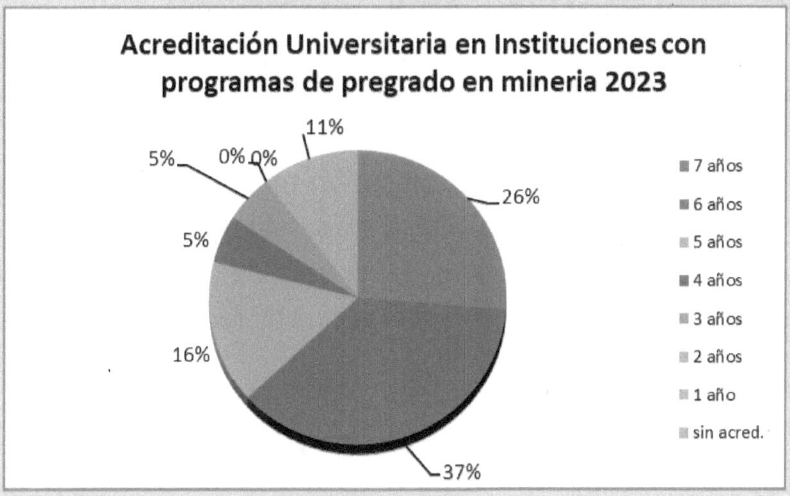

Gráfico 15. Acreditación en universidades con programas en minería 2023 (elaboración propia a partir de datos de CNE-Chile)

En 2023 vemos un cambio significativo, pues los planteles en su mayoría presentan niveles de acreditación superior a 5 años (79% del total) con 5 planteles que alcanzan la acreditación máxima existente a la fecha (7 años).

En entornos globales, resulta de interés ver referencias sobre las universidades en un contexto más amplio. Así, tomando como referencia los rankings QS y SCIMago de 2024, se aprecia la medida de cada universidad analizada en un contexto global.

Ranking QS (Quaqcarelli Simmonds)

El QS World University Rankings 2025 incluye 1.503 instituciones de todo el mundo, evaluadas en función de diversos factores para determinar su clasificación general. Ofrece información sobre las mejores universidades del mundo y abarca una amplia gama de disciplinas. En el caso de los programas de minería, solo hay 15 universidades consideradas en su estudio.

Gráfico 16. Ranking QS 2024 de universidades chilenas con programas de Ingeniería de Minas (elaboración propia)

	ENTIDAD		PROGRAMA	RK QS 2024
1	PONT. UNIV. CATÓLICA DE CHILE	PUC	CIVIL, DIPLOMA MINERÍA	103
2	UNIVERSIDAD DE CHILE	UCH	CIVIL MINAS	159
3	UNIVERSIDAD DE SANTIAGO	USACH	CIVIL MINAS	401
4	UNIVERSIDAD ADOLFO IBAÑEZ	UAI	CIVIL EN MINERÍA	567
5	UNIVERSIDAD DE CONCEPCIÓN	UDC	CIVIL MINAS	601
6	PONT. UNIV. CATÓLICA DE VALPO	UCV	CIVIL MINAS	681
7	UNIVERSIDAD TEC. FEDERICO STA. MARÍA	UTFSM	CIVIL MINAS	801
8	UNIVERSIDAD DE TALCA	UTAL	CIVIL MINAS	1001
9	UNIVERSIDAD ANDRÉS BELLO	UNAB	CIVIL MINAS	1001
10	UNIV. CATÓLICA DEL NORTE	UCN	CIVIL MINAS	1201
11	UNIVERSIDAD DEL DESARROLLO	UDES	CIVIL EN MINERÍA	1201
12	UNIVERSIDAD DE TARAPACÁ	UTAR	MINAS 10 SEM.	1401
13	UNIVERSIDAD DE LA SERENA	ULS	CIVIL MINAS	1401
14	UNIVERSIDADCENTRAL DE CHILE	UCEN	CIVIL MINAS	1401

Para el año 2024 este fue el grupo de universidades que consideró el estudio. Con un enfoque de universalidad y transversalidad no solo de su oferta educativa sino que en relación con investigación, reputación académica y de sus egresados, cantidad de profesores con posgrados y relaciones internacionales de cada casa de estudios.

Ranking Webometrics (CSIC-España)

Una versión diferente la entrega el Laboratorio de Cibermetría del Consejo Superior de Investigaciones Científicas de España que ranquea 32.000 planteles de educación superior por medio de un modelo científico que, entre otras variables, mide la visibilidad y presencia en línea de las universidades por medio de páginas web, publicaciones y citas.

Así, elementos como las citas en Google Scholar, el número de artículos científicos, la cantidad y calidad de las publicaciones y su impacto en la web, dan una medida que genera el ranking. Para el año 2024 el ranking de las universidades con programas de pregrado en minería, bajo esta metodología, es el siguiente:

	ENTIDAD		PROGRAMA	RK WEBOMETRICS
1	UNIVERSIDAD DE CHILE	UCH	CIVIL MINAS	316
2	PONT. UNIV. CATOLICA DE CHILE	PUC	CIVIL, DIPLOMA MINERÍA	425
3	UNIVERSIDAD DE CONCEPCIÓN	UDC	CIVIL MINAS	701
4	UNIVERSIDAD DE SANTIAGO	USACH	CIVIL EN MINERÍA	1172
5	UNIVERSIDAD ANDRÉS BELLO	UNAB	CIVIL MINAS	1346
6	PONT. UNIV. CATÓLICA DE VALPO	UCV	CIVIL MINAS	1384
7	UNIVERSIDAD TEC. FEDERICO STA. MARÍA	UTFSM	CIVIL MINAS	1420
8	UNIV. CATÓLICA DEL NORTE	UCN	CIVIL MINAS	1534
9	UNIVERSIDAD TALCA	UTAL	CIVIL MINAS	1538

10	UNIVERSIDAD DEL DESARROLLO	UDES	CIVIL EN MINERÍA	1626
11	UNIVERSIDAD ADOLFO IBAÑEZ	UAI	CIVIL EN MINERÍA	1808
12	UNIVERSIDAD DE TARAPACÁ	UTAR	MINAS 10 SEM.	2013
13	UNIVERSIDAD DE LA SERENA	ULS	CIVIL MINAS	2533
14	UNIVERSIDAD DE ANTOFAGASTA	UAFTA	CIVIL MINAS	2571
15	UNIVERSIDAD DE ATACAMA	UATA	CIVIL MINAS	2693
16	UNIVERSIDAD CENTRAL DE CHILE	UCEN	CIVIL MINAS	3439
17	UNIVERSIDAD ARTURO PRAT	UNAP	MINAS 10 SEM.	3551
18	UNIVERSIDAD DE LAS AMÉRICAS	UDLA	MINAS 10 SEM.	3836
19	UNIVERSIDAD SANTO TOMÁS	UST	CIVIL MINAS	4708
20	UNIVERSIDAD DE VIÑA DEL MAR	UVM	CIVIL MINAS	5443
21	UNIVERSIDAD DEL ALBA	UALBA	CIVIL MINAS	10287
22	UNIVERSIDAD DE ACONCAGUA	UAC	CONTINUIDAD CIVIL MINAS	15216
23	UNIVERSIDAD BOLIVARIANA	UBOL	CONTINUIDAD CIVIL MINAS	16816
24	UNIVERSIDAD LA REPÚBLICA	ULARE	CIVIL MINAS	18110
25	UNIVERSIDAD LOS LEONES	ULEO	MINAS 10 SEM.	27121

La tabla muestra una disparidad mayor pues, al considerar como base las publicaciones, citas y alcance web, se segmenta esta lista en las universidades con foco en docencia e investigación y los proyectos basados solamente en la academia.

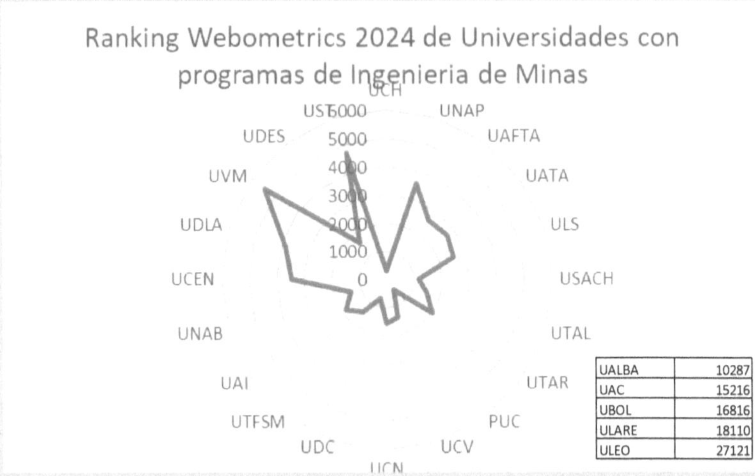

Gráfico 17. Ranking Webometrics de Universidades Chilenas con programas de minería (elaboración propia a partir de datos Webometrics – Enero 2024).

Ranking SCImago

Otra visión la entrega el ranking web de SCImago que es una clasificación que ordena a las instituciones académicas y de investigación en función de su desempeño en varios indicadores, tales como: resultados de investigación, innovación y el impacto general dentro de la comunidad académica. Esta muestra es mucho más amplia y alcanza a todas las universidades nacionales que dictan programas en minería. En la última actualización se consolida una tendencia en las universidades con programas en minería en el país.

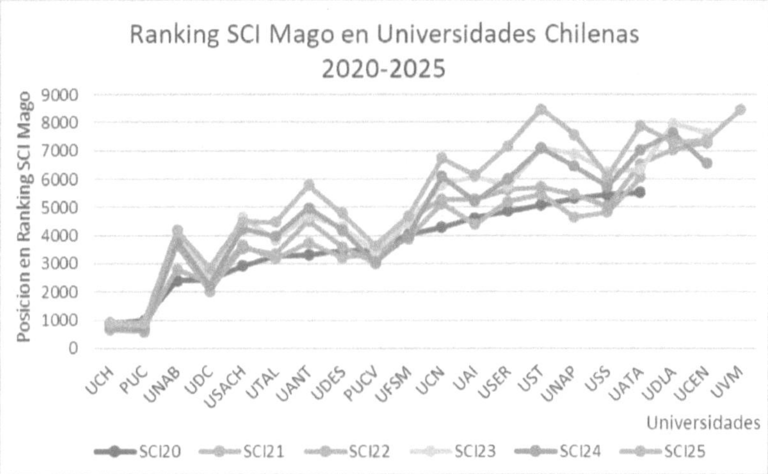

Gráfico 18. Ranking SCImago de universidades chilenas con programas de minería (elaboración propia a partir de datos SCImago – Enero 2025).

En este ranking, se apunta a la calidad e impacto de la investigación junto a una serie de indicadores que muestran el alcance y aporte de los diversos desarrollos que realiza cada entidad educativa. Así, es razonable esperar una tendencia similar a lo visto en los rankings anteriores, en el que planteles que solo realizan investigación aplicada a minería aparezcan en los primeros lugares y que universidades que solo realizan enseñanza de programas de pregrado y posgrado aparezcan muy rezagadas en su valoración de ranking.

Aranceles: una discusión incómoda

Estudiar Ingeniería de Minas involucra cada vez más un desembolso significativo de dinero. Pese a los esfuerzos en gratuidad universitaria -que es materia de otra discusión si es rol de estado financiar este tipo de programas- es interesante advertir que a una amplia oferta como la expuesta, conlleva una diferencia significativa en los aranceles para obtener títulos profesionales que al menos, en el nombre, son parecidos.

En los rankings internacionales se valora la investigación aplicada, la calidad y el impacto que ellas hacen en un entorno global. Esto es extremadamente cuantioso y en países como Chile, con bajos niveles de inversión pública en investigación (0.36% del PIB en 2021)[13] y escasas iniciativas privadas, la mayoría radica en un puñado de universidades, lo que genera que el costo de los aranceles sea de cierto modo ajustado para reflejar en los planteles que realizan docencia, investigación y extensión de las que solo apuntan a la docencia y la entrega de certificados de título.

Si vemos el desarrollo de los aranceles, se muestra lo siguiente:

13 Ministerio de Ciencia, Tecnología, Conocimiento e Innovación de Chile, 2021.

Gráfico 19. Aranceles para programas de Ingeniería Civil de Minas en 2012 en pesos chilenos (fuente: sitios web de cada universidad, elaboración propia)

Podemos advertir que en ese año los aranceles se movían en un rango de $1.200.000 al año hasta los $5.000.000 para el mismo título profesional. Esta diferencia de más de 4 veces entre una institución a otra resulta demasiado llamativa, pues en las carreras universitarias no aplican los conceptos de economía basado en eficiencia ni competividad[14].

Entonces, ¿cómo explicar esta diferencia? ¿Hay parámetros de calidad que nos permitan establecer alguna relación de orden entre cada programa?

La respuesta no es unifactorial. Pero sí hay algunas luces que nos pueden llevar a una conclusión. Veamos cómo es la figura de los aranceles en 2024:

14 Meller, Patricio. *Universitarios, ¡el problema no es el lucro, es el mercado!*. Uqbar Editores, 2011

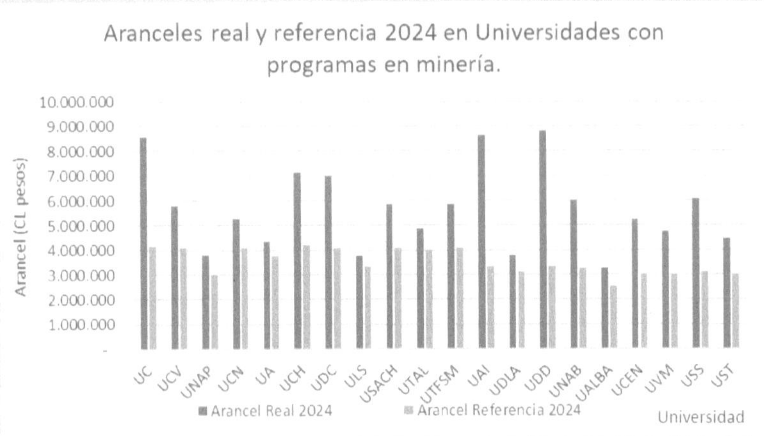

Gráfico 20. Aranceles real y de referencia para programas de Ingeniería Civil de Minas en 2024 en pesos chilenos (Fuente: sitios web de cada universidad, elaboración propia)

Podemos apreciar que los extremos van desde los 3 a sobre los 8 millones de pesos en los aranceles reales para 2024 y que los aranceles de referencia están entre 2,5 a 4 millones de pesos. Si apuntamos al arancel real, las alzas de los aranceles fluctúan entre un 130% a 243% en 12 años mientras que el IPC real subió un 68% en el mismo período[15]. En tanto, el arancel de referencia (que permite ver el máximo de financiamiento vía Crédito con Aval del Estado para un determinado programa) muestra que las disparidades son significativas. Tanto, que ninguna carrera puede pagarse solo con este tipo de arancel. Y en algunos casos, la diferencia es tal que requiere de un 100% adicional para cubrir el arancel real que solicitan algunas casas de estudio.

Por ello, algo no está cuadrando. Es menester preguntar si se han realizado inversiones cuantiosas en equipamiento, forma-

15 Dato de https://calculadoraipc.ine.cl/

ción de profesores, investigación de avanzada o si los costes de dictar estos programas han crecido de una forma tan exponencial que pueda explicar la magnitud de estas alzas.

La verdad es que en los últimos 12 años vemos un aumento considerable de matrículas, programas y costos de estudio, pero si apuntamos a métricas de calidad, las herramientas que poseemos no nos permiten llegar a conclusiones categóricas.

Con los datos de acreditación universitaria y los aranceles reales de referencia, en 2012 hice un gráfico de dispersión que segmentó de modo interesante la oferta de programas en minería. Generando cuadrantes sobre la base de un criterio tomado de forma personal, se realizó la siguiente figura:

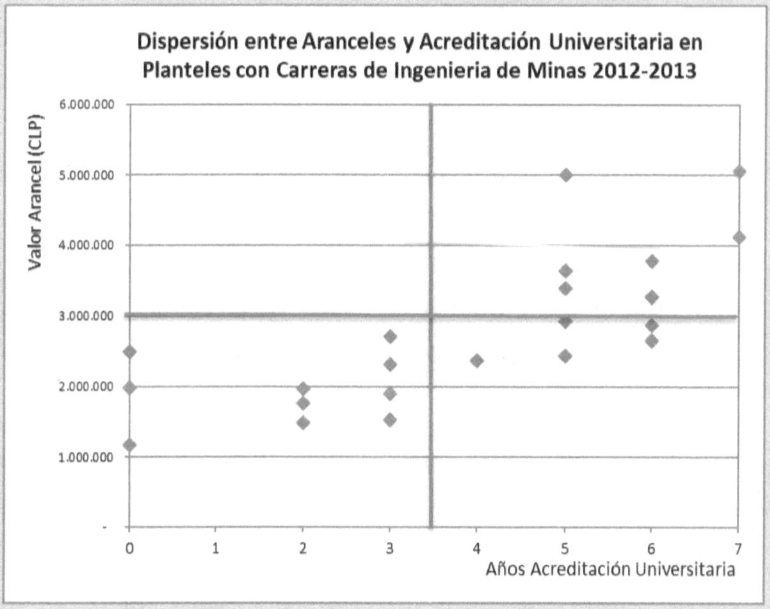

Gráfico 21. Mapa de dispersión para universidades con programas de ingeniería de minas 2012-2013 (elaboración propia)

Sobre el eje horizontal de este gráfico se ven los años de acreditación universitaria de la época. Y sobre el eje vertical, el arancel real que cobraban las instituciones por aquellos años. Tomando el punto medio de forma arbitraria (coincidente con la herramienta de cálculo que generó el gráfico) consideré 3,5 años de acreditación y 3 millones de pesos para separar el mercado. Así, llegué a cuatro cuadrantes que explican el mercado de aquel entonces

- **Cuadrante I: altos aranceles y baja acreditación.** No había planteles en esa condición. Algo lógico pensando que a nadie le interesa pagar un costo elevado por algo de baja acreditación.

- **Cuadrante II: bajos aranceles y baja acreditación.** Aquí se aprecia un grupo de universidades que apuntaban a programas de bajo costo con nula o baja acreditación universitaria (UAC, ULR, UBO). Planteles que ofrecían programas online, de prosecución de estudios o instituciones muy mal calificadas por aquel entonces. No pocas de ellas cerraron al corto plazo como la Universidad del Mar o la Universidad de Ciencias de la Informática (UCINF) y otras apostaban a un modelo de cantidad de alumnos con baja calidad y costo de arancel[16].

- **Cuadrante III**: **bajos aranceles y alta acreditación.** En este segmento se ubicaban casi todas las universidades del consejo de rectores ubicadas en provincia más un par de universidades privadas que realizan investigación (y que las lleva a un mejor estándar de acreditación). Una característica de este cuadrante es que la mitad de los planteles

16 La privatización de las universidades.

poseían carreras de larga data en el rubro (UANTOF, UCN) o en ese entonces estaban partiendo con cátedras de minería en aquel entonces (UDLA, UNAB).

- **Cuadrante IV: altos aranceles y alta acreditación.** En este cuadrante se aprecian las universidades con mayor historia en el rubro (UCH, USACH y PUC), universidades privadas que apostaron fuerte por el área (UDD, UAI) y universidades de prestigio que estaban partiendo con programas de minería en aquel entonces (USM, UDC, UCV).

Esta segmentación funcionó bastante bien por años, aunque el mercado tendió en el último decenio a la consolidación de la oferta académica ya existente, a la búsqueda de mejores acreditaciones universitarias y a un alza sostenida, no solo en el número de alumnos y titulados, sino que también en los aranceles, lo que permite la obtención de un título profesional en el área.

En 2023, el mercado lo podemos ver así:

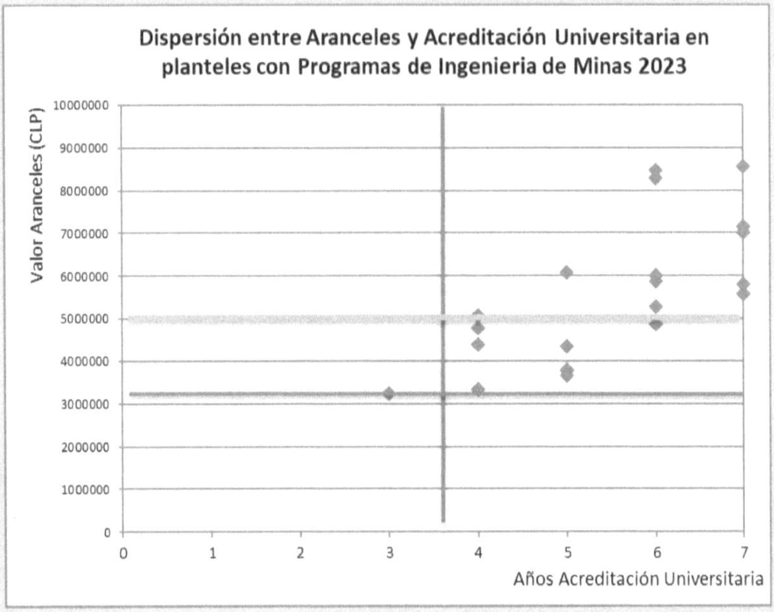

Gráfico 22. Mapa de dispersión para universidades con programas de Ingeniería de Minas 2023 (elaboración propia)

Manteniendo la cruceta correspondiente al año 2012, y generando una nueva segmentación (manteniendo el eje X con los años de acreditación universitaria y el eje Y con el valor del arancel real), vemos que la gran mayoría de planteles se ha desplazado hacia los segmentos de mayor acreditación y aranceles más altos.

Esto muestra la consolidación de los programas académicos en el tiempo, la desaparición de programas con proyectos académicos en problemas o insolventes y el interés de algunos por comenzar procesos de acreditación universitaria o de mejorar lo que se tenía.

En el nivel top, es notable advertir el aumento del 31% al 63% de los planteles con acreditaciones de 6 o 7 años para sus proyectos universitarios y cómo eso impacta en este nuevo escenario. Es posible que en los próximos años veamos una mayor consolidación de esta industria, toda vez que la alta tasa de titulados y la empleabilidad real muevan a un ajuste en la parte inferior de este mercado. Los saltos de calidad cada vez costarán más, tanto en costo como en tiempo para lograr resultados significativos, lo que se puede investigar en este tipo de análisis.

GEOLOGÍA: DE LAS CIENCIAS DE LA TIERRA A LA GEOLOGÍA ECONÓMICA

Un caso de estudio

Recuerdo cuando estaba estudiando mi pregrado en minería. En cierto curso, un profesor decía que geólogos e ingenieros de minas son la perfecta contraparte para un equipo exitoso en el rubro. Las habilidades de uno, las complementa el otro y que sin ese equipo, un proyecto de extracción minera está condenado al fracaso.

Ese complemento y compartir formación académica, que mezcla ciencias de la tierra, ciencias básicas y terreno, genera que los profesionales de la geología sean valorados, pero a la vez encasillados en su especialidad y que la reconversión laboral a otros sectores/mercados sea muy compleja. En el ámbito público o privado, en desarrollo científico o en geología económica, la contribución de estos profesionales es significativa y parte relevante de la generación del producto interno del país.

Algo de historia

El desarrollo de la disciplina en Chile se remonta a 1830 cuando el gobierno contrató a Ignacio Domeyko y Claudio Gay para "evaluar los recursos naturales y realizar un análisis de las propiedades geológicas del territorio"[17]. Mientras el naturalista francés Claudio Gay realizó un catastro de recursos naturales, fue Domeyko, un científico polaco quien se dedicó a enseñar y profesionalizar el estudio y producción minera en el país, llegando a ser rector de la Universidad de Chile donde posicionó la geología durante su período.

Fotografía 4. Ignacio Domeyko Ancuta[18]

En la década de 1875, el geólogo francés Amado Pissis publica el primer *Atlas de Geografía física de Chile*, obra que muestra

17 Memoria Chilena: "El desarrollo de la geología en Chile".

18 Memoria Chilena. Biografía de Ignacio Domeyko. http://memoriachilena.gob.cl

el conocimiento mineralógico y geológico de esos años. Este libro fue solicitado por el gobierno de la época.

Fotografía 5. Pedro Amado Pissis, autor del *Atlas de Geografía física de Chile*[19]

Así continuó el desarrollo de la disciplina hasta mediados del siglo XX. En 1957 la Escuela de Ingeniería de la Universidad de Chile crea el Departamento de Geología como una disciplina específica. Antes de ello, la geología era parte de estudios de Química e Ingeniería, pero su sistematización requirió de espacios en la Universidad de Chile en sus inicios, la Universidad Católica del Norte (1967) y la Universidad de Concepción (1972). Todas estas instituciones crearon departamentos de Ciencias

19 Extraído de Caminantes del Desierto. Corporación Cultural y Patrimonial de Antofagasta. https://caminantesdeldesierto.blogspot.com/2018/02/el-puerto-de-papel.html

de la Tierra / Geología para la formación de profesionales en el área, sin perjuicio de que los cursos de geología o mineralogía encuentran antecedentes con mucha antelación, siendo parte de las universidades en la formación de químicos e ingenieros de minas.

Fotografía 6. Interior del departamento de Geología U. de Chile. Vista interior edificio DGEO[20]

Estas tres entidades mantuvieron la formación de profesionales de la geología hasta comienzos del siglo XXI donde la necesidad de contar con personal experto forzó a incorporar mano de obra extranjera en la materia. Como respuesta, a nivel universitario, existió presión hacia las universidades tradicionales para recibir a nuevos alumnos y fomentar la creación de programas de pregrado en la materia.

20 www.geologia.uchile.cl

Descripción de la oferta universitaria en Geología

La carrera de Geología en la actualidad se dicta en 13 universidades en 9 ciudades del país. Además, debemos incluir en la oferta a la carrera de Ingeniería Geológica que se dicta en 4 planteles de 4 ciudades del país para completar la oferta de pregrado. Incluso, existen 3 universidades que poseen programas de técnico de nivel superior en geología como parte de la oferta en el área.

Matrícula en Geología

La enseñanza de pregrado en geología se imparte desde 1957 en Chile. Hasta el 2012 los egresados de la carrera son titulados de las tres universidades tradicionales con la especialidad, viéndose un impacto significativo en el aumento en la matrícula a partir del año 2007 y con una explosión significativa a partir de año 2010.

En 2012, la matrícula en programas era la siguiente:

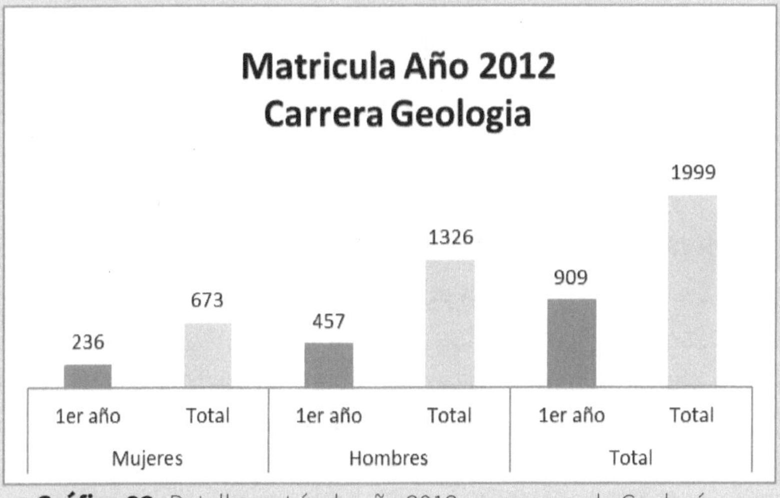

.**Gráfico 23.** Detalle matrícula año 2012 programas de Geología en universidades chilenas (fuente SIES. Mineduc)

En este gráfico se observa el impacto de la explosión en la matrícula, pues el 45% eran estudiantes de primer año. Una singularidad no menor dentro del sistema educacional chileno. En términos etarios, del orden del 33% de las estudiantes eran mujeres, cifra significativamente superior a lo que la carrera de minería mostraba en la misma época (17.9% del total).

Este hecho, y la apertura de programas de pregrado, continuó una explosión de matrículas y titulados que en la evaluación al 2023 muestra la siguiente figura:

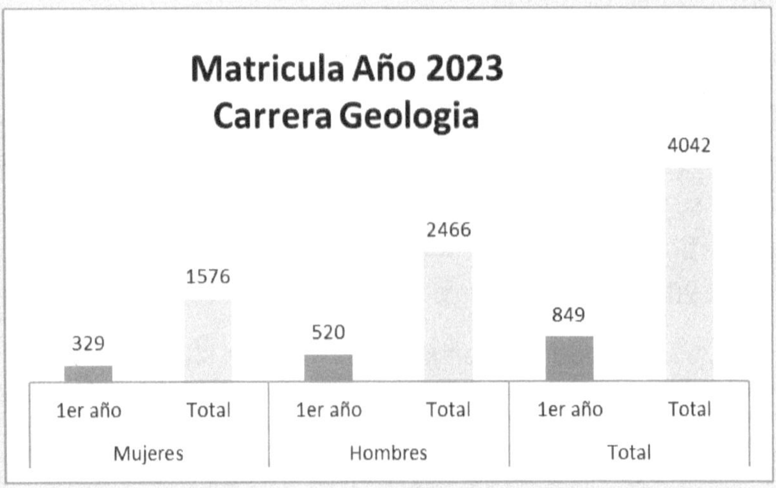

Gráfico 24. Detalle matrícula año 2023 en programas de Geología en universidades chilenas (Fuente: SIES Mineduc)

Podemos ver que las cifras de alumnos totales se han duplicado en el período, que el peso del primer año respecto del total pasa al 21% (algo más razonable pensando en un promedio de alumnos para una carrera de 12 semestres) y que la participación femenina en la matrícula es del 38% (un alza del 5% respecto de 2013). Esto habla de una industria en fase de consolidación en lo relativo a este programa, aunque en los próximos años habrá que ver el impacto que la creación y aparición de programas de pregrado de Ingeniería Geológica pueda tener en el interés y retención de alumnos en la carrera.

En cuanto a los titulados en el período, la tendencia es significativa. Se aprecia en el grafico siguiente:

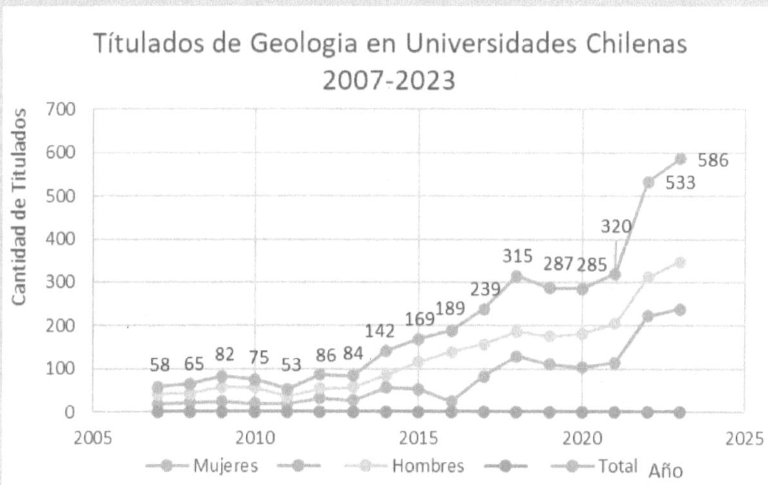

Gráfico 25. Detalle de titulados de la carrera de Geología período 2007-2023 (fuente: SIES Mineduc)

Podemos apreciar un aumento de casi 10 veces en el número de titulados de programas de geología en el país en un lapso de 15 años. Además, es posible advertir la significativa presencia femenina en las titulaciones en especial en los últimos años (pasan del 30% al 41% del total de egresos según el año con un promedio de 34% del total en el período analizado). Y dos claros períodos de tiempo en el crecimiento total de los titulados. Entre 2014 a 2018 y pospandemia (2021-presente).

Este hecho motiva la discusión sobre la calidad de los programas y si esta alza tiene una correlación con la demanda de estos profesionales en la industria.

Pedí consejo a varios geólogos sobre su visión al respecto y me quedo con un par de comentarios sobre esta situación:

> Un problema tiene que ver con que algunas universidades pensaron que la carrera de geología es de "tiza y pizarrón", que bastaba un geólogo(a) preparado y que empezara a hablar de rocas, minerales, geología regional y poco más para formar a profesionales en el área. Pero la formación geológica necesita —y mucho— de terreno, de mapas y cartas geológicas, de laboratorios bien equipados, de muestras y cortes de rocas y minerales, de microscopios y un montón de equipamiento para formar buenos geólogos. Y si empezamos a evaluar eso, quizás explique varias carencias de base que se ven en algunos colegas.

Otra visión en la academia me comenta que en un plantel, el interés por estudiar Geología hizo que en un minuto se pasó. De un total de 120 estudiantes, a más de 400. Una difícil situación fue el atender este número aumentado de estudiantes, sobre todo considerando que es una carrera que requiere docencia en terreno y laboratorios, actividades con capacidad y presupuestos limitados.

Así, el escenario de empleabilidad aparece como un desafío no menor en la profesión, al igual que como vimos en el caso de Ingeniería de Minas. Al realizar el análisis de dispersión entre acreditación universitaria de planteles con carreras de geología y los aranceles reales que considera la carrera, el resultado es interesante.

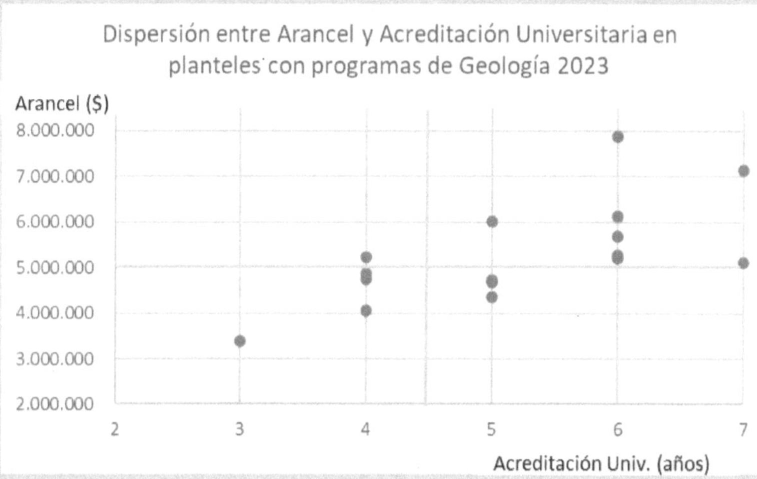

Gráfico 26. Relación entre aranceles reales y acreditación universitaria para universidades chilenas con programas en geología e ingeniería geológica en 2023 (Fuente SIES Mineduc- CNE)

En el gráfico se incluyen los programas de Geología y de Ingeniería Geológica que existen actualmente. Separado en cuatro cuadrantes, los programas bajo 5 años de acreditación muestran carreras de geología en universidades privadas con bajos aranceles o proyectos de universidades regionales en proceso de consolidación. Al igual que en el caso minero, aparecen altas acreditaciones con aranceles más bajos que obedecen a carreras de universidades tradicionales ubicadas en regiones. Las universidades de mayor prestigio o de mayor coste son las universidades tradicionales en el área o universidades privadas con proyectos educativos ya consolidados.

Es interesante advertir que a diferencia de la minería, en Geología no se observan programas en universidades no acreditadas. Los programas de Ingeniería Geológica se despliegan en varios segmentos, pese a que la oferta académica es relativamente reciente en esta industria.

Metalurgia: arte al servicio de la industria

Según la RAE, la metalurgia se define como el arte de beneficiar los minerales y extraer los metales que contienen para ponerlos a disposición de su elaboración[21]. En la industria minera, la metalurgia extractiva es el tercer componente que permite el desarrollo del sector y sus profesionales son el eslabón que completa la secuencia virtuosa de un proyecto.

Al igual que la Ingeniería de Minas y la Geología, los profesionales metalurgistas son cotizados y requieren del estudio de conceptos y técnicas que comprenden un número significativo de procesos, laboratorios, prácticas y experiencias para poder aportar en los puestos laborales de la industria. Estos profesionales son de alta especificidad en su expertise, por lo que su campo laboral si bien no es tan restrictivo como la minería, también comparte los rasgos de la Ingeniería de Minas y la Geología que el costo alternativo de reinventarse en otras industrias es muy alto.

Así, para completar el análisis de la oferta académica de las carreras profesionales en la minería, veremos cómo ha evolucionado la oferta de los estudios de metalurgia en el país para

21 Definición de la Real Academia Española de la lengua www.dle.rae.es

el período 2007-2023. Pero antes, veamos algunos antecedentes históricos de esta disciplina.

Algo de historia sobre metalurgia

En Chile existen evidencias de trabajos en minería y metalurgia desde tiempos prehispánicos, tanto en el norte donde la extracción de oro y cobre potenciada por los conocimientos traídos por los incas hasta el sur del país, donde se aprecia un manejo de metales desde fines ornamentales o religiosos hasta el desarrollo de armas y herramientas para la vida diaria de dichos pueblos.

Fotografía 7. Esquema de trabajo de fundición de mineral en huayra Inca[22]

En metalurgia, los incas son referencia obligada por el manejo que lograron en la fundición de metales a través de hor-

22 Extraído de "Las Huayras, Hornos para la metalurgia" Daniel C. Robaldo, marzo 2020

nos rectangulares llamados huayras o huayranchinas que permitieron los primeros desarrollos de fundición de minerales de cobre, plata y aleaciones de bronce en el país. De hecho, en el sector de Viña del Cerro en Copiapó se encontró un centro de huayras con 26 hornos que fueron ocupados entre 1470 a 1536.

Fotografía 8. Monumento Histórico, Establecimiento Metalurgista Viña del Cerro, Copiapó[23]

En la época colonial, el conocimiento y desarrollo de la metalurgia alcanzó su desarrollo al sur de Chile con la creación de joyas y platería mapuche. Esta cultura logró llegar a interesantes conocimientos a partir del trabajo con metales.

Esto continuaría así hasta la aparición de los primeros complejos industriales del país, ya en el siglo XIX. El desarrollo de

23 Extraído de https://patrimonio.bienes.cl/patrimonio/establecimiento-metalurgista-de-vina-del-cerro/

la química y la metalurgia extractiva vino de la mano con las escuelas de minas en Antofagasta, Copiapó y La Serena, más la Escuela de Artes y Oficios en Santiago (fundada en 1849) donde se enseñaban los oficios de herrería y fundición, que luego —a partir de 1915— pasaron a la categoría de Técnicos fundidores. Después esto se transformó en técnicos metalurgistas y la Universidad de Chile se expandió en la Facultad de Ciencias Fisicas y Matemáticas, donde se desarrollaron los primeros estudios y docencia en el área.

En la década de 1940 se comienzan a ver los primeros desarrollos de departamentos de Ingeniería Metalúrgica en el país. En la Escuela de Artes y Oficios de Santiago, en su Escuela de ingenieros industriales, se prepararon los primeros ingenieros industriales en metalurgia, en 1952 al pasar a ser la Universidad Técnica del Estado, logra el nivel equivalente a una Ingeniería y en 1973 se crea el Departamento de Ingeniería Metalúrgica de la hoy USACH. En 1948 la Universidad de Chile forma un Laboratorio de Metalurgia, que constaba con laboratorios de preparación y concentración de minerales, metalurgia extractiva, microscopia y ensayos.

Fotografía 9. Antiguo laboratorio de metalografía[24] (Fuente: Depto. Ing. Metalúrgica USACH)

En el norte, la Universidad de Atacama crea en 1957, en Copiapó, la Especialidad de Metalurgia Extractiva la que posteriormente se consolidará en la actual Facultad de Ingeniería de esa casa de estudios. En Antofagasta, fue hasta 1974 cuando se crea el Departamento de Ingeniería Metalúrgica en la Universidad Católica del Norte y en Iquique lo propio en 1983 en la Universidad Arturo Prat.

En la zona central, en 1962 en Valparaíso la Universidad Técnica Federico Santa María comienza dentro de su facultad de Química a desarrollar el programa de Ingeniería Metalúrgica, camino similar que seguiría la Universidad Católica de Valparaíso que desarrolló un plan de formación en los años 80 para crear su carrera de Ingeniería Civil en Metalurgia Extractiva a contar de 1992.

24 Extraído de **www.metalurgia.usach.cl/resena-historica** Reseña de la historia del Departamento de Ingeniería Metalúrgica, USACH 2024.

En el sur, fue la Universidad de Concepción la que en 1961 crea el Departamento de Ingeniería Metalúrgica con el llamado al ingeniero Alexander Sutulov que trabajaba en la mina El Teniente para hacerse cargo de la formación de metalurgistas en dicha casa de estudios. Finalmente, la Universidad Nacional Andrés Bello arma su área de metalurgia en el año 2011 con programas de Ingeniería Civil en Metalurgia en sus sedes de Santiago, Concepción y Viña del Mar.

Descripción de la oferta metalúrgica en la educación terciaria en Chile

Como vimos en los antecedentes históricos, el desarrollo de programas de metalurgia se asocia a un puñado de universidades que pertenecen al Consejo de Rectores, más la Universidad Nacional Andrés Bello que comenzó sus programas en el área en 2011. El desarrollo de la metalurgia se expresa en 18 programas de estudio dictados por 9 universidades en 7 ciudades del país, con una cobertura desde Iquique en el norte hasta Concepción en el sur.

Esto hace que a diferencia de minería o geología, no exista una expansión en la creación de programas en esta área y por ende las diferencias en la matrícula debieran ser más bien acotadas. Veamos lo que muestra el análisis a los años 2012-2023 en esta materia:

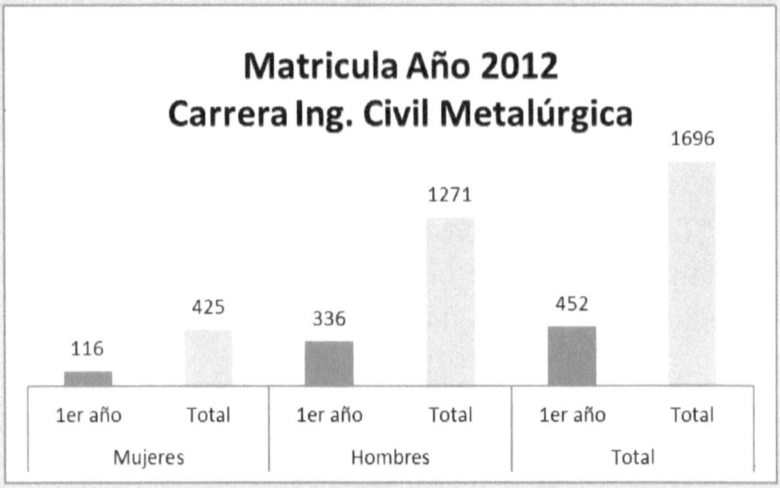

Gráfico 27. Matrícula total de programas de Ingeniería Civil en Metalurgia (y Metalurgia Extractiva) en universidades chilenas Año 2012 (Fuente SIES Mineduc bajo elaboración propia)

En 2012 estaba el boom de la expansión de carreras de minería y geología, pero en metalurgia se apreciaba un interés acotado. La Universidad Andrés Bello había abierto recientemente y vemos que el 26% de los alumnos estaba en primer año y que el 25% de las estudiantes de la carrera eran mujeres, un porcentaje significativo en la época para carreras de tecnología.

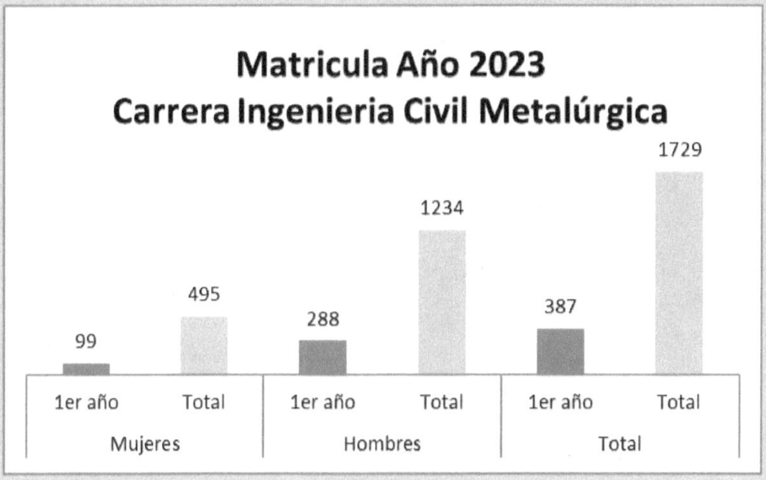

Gráfico 28. Matrícula total de programas de Ingeniería Civil en Metalurgia (y Metalurgia Extractiva) en universidades chilenas año 2023 (Fuente SIES Mineduc bajo elaboración propia)

En 2023 vemos un crecimiento marginal en la matrícula total respecto del año 2012 y la mantención de porcentajes en la matrícula total por género en la carrera. Si consideramos que los programas de estudio son en número básicamente los mismos, podemos ver un proceso de consolidación en la matrícula, a diferencia de lo visto en los casos de minería y geología.

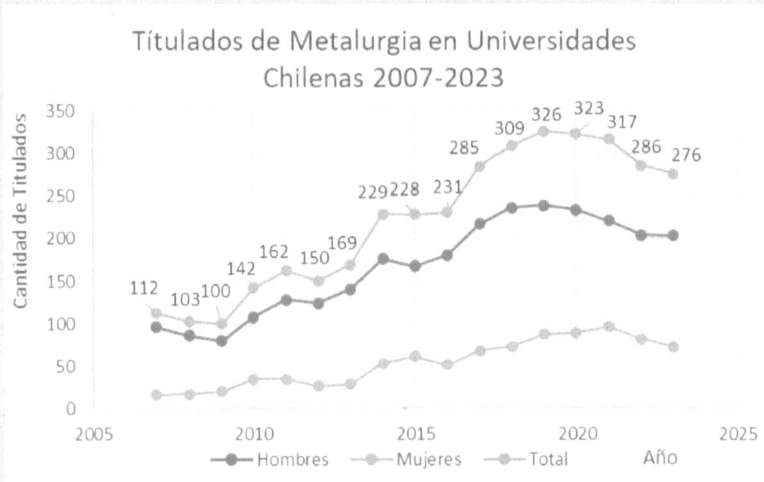

Gráfico 29. Titulados de programas de Ingeniería Metalúrgica en universidades chilenas período 2007-2023 (Fuente: SIES Mineduc en base a elaboración propia)

Podemos advertir que la carrera mantiene un crecimiento sostenido con una leve baja en el período 2021-2023, pero en términos globales ha duplicado la cantidad de profesionales que han egresado en los últimos 15 años. Esto se explica por el mayor interés desarrollado en carreras afines a la metalurgia extractiva y la minería.De todas formas, esto no ocurre en los niveles que hemos visto para ingenieros de minas y geólogos en el mismo período.

Por otra parte, la oferta académica, al ser más acotada, limita la posibilidad de una expansión significativa como lo visto en los casos anteriores, así el boom de los *commodities* ha generado un aumento en la cantidad de profesionales formados en el área metalurgia, pero esto ha sido ampliando el espectro de programas desde la metalurgia pura, pasando por la metalurgia extractiva, con un porcentaje importante concentrado en programas de Ingeniería Civil en desmedro de Ingeniería en Ejecución que es cada vez un porcentaje menor de la matrícula.

PERO ESTAMOS TODOS LOCOS

En un mercado desafiante, la aparición de nuevos oferentes impulsa la competencia, tiende a bajar los precios y permite que exista más oferta del bien o servicio que se crea.

Sin embargo, cuando hablamos de educación y en especial de la educación terciaria chilena, la ampliación de la oferta ha traído con ello una cantidad significativa de profesionales. Nos cuestionamos si los ingenieros de minas (y por extensión, geólogos y metalurgistas) son un bien escaso a una situación en la que existe una sobreoferta evidente de profesionales, un cuestionamiento a la calidad de la formación y capacidades de los profesionales recién egresados y un escenario de empleabilidad que dista de un equilibrio entre la mano de obra disponible y la demanda.

Las leyes que reglamentan el sistema de educación superior chileno mueven a las casas de estudio en base a su autonomía para definir la oferta educativa que estimen pertinente, sin que existan regulaciones respecto a la apertura o cierre de carreras por parte de un ente regulador, solo hasta el límite en el que el proyecto universitario no es viable por temas económicos como ha ocurrido con varias entidades en las últimas décadas.

No son pocos los casos de universidades que han cerrado y tuvieron ofertas de programas de minería en sus registros. El boom de los *commodities* de comienzos de siglo requería de profesionales que no se encontraban a nivel local, por eso, la formación de calidad tomaría años para dar respuestas. En educación, los resultados de las políticas toman décadas y una buena decisión hoy muestra sus efectos recién en el mediano plazo.

Paradigmático resultó eso en la carrera de Geología que, ante la escasez de profesionales para el desarrollo de proyectos mineros, generó una migración de profesionales, principalmente desde Perú y España, que tomaron puestos laborales en Chile. También existió la reconversión de profesionales de otras áreas que se interesaron en el negocio minero, por su atractivo, y terminaron dedicando su vida a este rubro.

Por ello, son variadas las implicancias que una sobreoferta de profesionales conlleva en una disciplina tan especial como la minería, pues se generan escenarios poco deseados que vale la pena consignar.

Universidades: impactos socioeconómicos a todo nivel

El explosivo aumento en los últimos 10 años en la oferta ha logrado ampliar la cobertura geográfica para el estudio de la disciplina minera desde el norte y Santiago, donde estuvo concentrado siempre, hasta la zona centro sur del país. Este aumento de matriculados y egresados plantea el desafío de la formación de profesionales idóneos para los desafíos futuros de la disciplina, tanto en lo técnico como en las tendencias a la automatización, control y el uso de robótica, big data e inteligencia artificial para la toma de decisiones como también en lo humano, con la incorporación progresiva y cada vez más relevante de la mujer en el rubro, el manejo de personal cada vez más diverso en origen, pensamiento y vida.

Sin embargo, la actualización de los procesos de enseñanza y los equipamientos necesarios para la formación son procesos lentos y cuantiosos, que plantean la legítima duda si esto ha sido abordado de buena forma en todos los claustros académicos, como también en los planes de estudio. Es importante contar con el número y calidad de docentes adecuados para el desafío. Durante años, fue común ver a profesionales, con diversos grados de expertise, que tomaron cátedras universitarias a tiempo parcial en pequeños claustros de profesores a tiempo completo que, solo en algunos casos, realizan en paralelo proyectos de investigación.

En algunos planteles se verifica una mínima planta docente fija y una serie de profesores rotando cursos sin métricas de calidad de enseñanza, contenidos mínimos a considerar por curso y peor aún, parámetros objetivos sobre resultados del proceso pedagógico. Si a eso sumamos la carencia de laboratorios y visitas a terreno para complementar los conocimientos de aula, se genera una diferencia compleja de soslayar para el futuro.

Afortunadamente, el proceso de consolidación de proyectos universitarios y el aumento de la acreditación universitaria en muchos planteles en los últimos años ha tendido a consolidar equipos de docentes y cátedras en las universidades, tendencia que debiera acentuarse en los próximos años.

Si hablamos de laboratorios para estudiantes de minería, el hecho de contar con adecuados espacios para el desarrollo de ensayos, talleres y estudios en temas tan variados como conminución de rocas, geomecánica, evaluación de yacimientos o diseño minero, resulta vital para formar de modo adecuado a los profesionales del futuro. Cualquier carencia significativa de equipamiento influye en el perfil y capacidades del profesional egresado que sale en búsqueda de una oportunidad laboral.

En Geología, al cuadruplicar la oferta de universidades que imparten la carrera, también establece enormes retos y desafíos para la academia, pues la formación en ciencias de la tierra requiere de docentes con una sólida formación en sus áreas, continuos desarrollos de laboratorios y trabajo en terreno, kits de muestras, cortes de roca, equipos y maquinarias para una óptima formación.

Quizás Metalurgia es la única rama que, al no sufrir una explosión de la oferta académica y mantener proyectos educativos de larga data en el rubro, no evidencia este problema de forma tan notoria, aunque es menester mencionar que esta carrera tiene una componente importante de costo en equipamiento, laboratorios, ensayos y pruebas para la formación de especialistas en su rubro.

Así, con este escenario de mayor oferta académica y una demanda en crecimiento por parte de alumnos que buscan estas áreas para formarse, se visibiliza la complejidad para los alumnos de últimos años en encontrar prácticas profesionales y memorias de título o grado en la industria. Al existir un universo estudiantil cada vez más amplio es un hecho que los cupos disponibles se completan rápidamente, dejando a un porcentaje no menor con carencias y experiencias pendientes de completar dentro de su proceso de estudio. En algunos planteles, eso potencia el desarrollo de prácticas o memorias a realizar en los espacios universitarios, lo que termina siendo una extensión del desarrollo anual de las carreras, tanto para profesores como para los alumnos.

> En una oportunidad estábamos conversando sobre el proceso de prácticas y memorias con el gerente de una minera importante. Luego de una larga explicación, terminamos comprendiendo que el concepto de "com-

pliance" busca dar las mismas oportunidades a todos los que intentan un espacio en sus operaciones y que el interés es tan grande que para una práctica en Chile, llegan aplicaciones de estudiantes de todo el mundo por lo que la mirada ya no puede ser local sino que cada día comprender que somos parte de una aldea global.

En otra arista, existen fundadas razones para sostener que si hablamos de falencias y diferencias en el aprendizaje se intensifican, como en el caso de los programas de prosecución de estudios, en particular con los profesionales que no provienen de la industria o no poseen experiencia en minería. Esto, por cuanto la dinámica de ese tipo de programas no permite la adecuada asimilación de los conceptos y el desarrollo de las capacidades profesionales que requiere un profesional de la minería, cosa que una concentración de cursos y una memoria de título difícilmente pueden lograr.

Así, con todo lo expuesto, vemos realidades muy disímiles entre los desarrollos de programas de pregrado para minería, geología y metalurgia en el país. Mientras que en Minería vemos un fase de consolidación de los proyectos educativos con una mayoría de programas que ya cumplen 10-15 años desde su creación, sin nuevas aperturas desde hace un lustro y desaparición de programas y universidades por problemas evidentes en su proyecto educativo, en Geología vemos que la expansión de la oferta en el área sigue con nuevos programas de apertura reciente, la creación de carreras de Ingeniería Geológica y la consolidación de la matrícula en la carrera de Geología con un número más cercano al promedio en los nuevos ingresos.

En Metalurgia, la oferta está muy consolidada sin aperturas ni cierres de sus programas, con experiencia significativa en cada una de sus opciones, por lo que solo el aumento de los matriculados y egresados es atribuible a la mayor demanda estructural de servicios en ese sector más que por el boom de los *commodities* que hemos explicitado en este estudio.

Profesionales de la minería: ¿un recurso escaso en 2024?

Como vimos en el capítulo titulado "No somos pocos", a comienzos de este siglo, los profesionales de la minería eran escasos producto del bajo interés por estudiar carreras relativas al sector y porque existían pocos programas de pregrado en el país. Sin embargo, actualmente, los números indican una condición diferente, producto del aumento explosivo de programas, la cantidad de egresados, la competencia con otras profesiones que han tomado posición en la industria y el crecimiento acotado de las plazas laborales, producto de un entorno de negocio dinámico, lleno de desafíos tecnológicos complejos en el que la automatización de procesos se va haciendo cada vez más relevante.

En el año 2003, el Centro de Minería de la Pontificia Universidad Católica realizó un estudio basado en una encuesta internacional sobre todos los programas de minería en universidades de países como Australia, Estados Unidos, Canadá, Sudáfrica y Chile. Este análisis generó una pregunta clave para esos años: ¿son los ingenieros de minas un recurso escaso?[25].

---

25 Ingenieros de Minas ¿Un Recurso Escaso? Del profesor Peter Knights. Incluido en el libro "¿Minería para Siempre? Del Foro de Economía de Minerales. Editor profesor Gustavo Lagos. Centro de Minería UC, volumen I, 2004

Y lo eran. Las conclusiones del estudio señalaban que habían dejado de funcionar un número importante de programas en países como Estados Unidos y Reino Unido. Otros países como Canadá mostraban una reducción del 55% en la oferta de ingenieros de minas, lugares como Australia y Sudáfrica también mostraban números en baja. En Chile, la oferta había repuntado, aunque de forma incipiente. Se recomendaba, por aquel entonces, que los programas debían adoptar un enfoque global.

El Profesor Peter Knights, que dirigió este estudio, menciona algo visionario que da cuenta de cosas que hoy nos hacen sentido:

> La globalización de la industria minera significa que los programas de minería deben ser globales... lo anterior significa: capacitar a los estudiantes en idiomas extranjeros y comercio internacional; elaborar programas flexibles de educación para apoyar el aprendizaje continuado, usando técnicas de educación a distancia y enseñanza por medios electrónicos; establecer relaciones estrechas con compañías mineras globales y asociaciones estratégicas con programas de minería de otras partes del mundo. Los programas que omitan dichas medidas tienen un futuro limitado[26].

Han pasado casi 20 años desde ese estudio y las palabras del profesor Knights muestran una gran vigencia. La idea de formar parte de una aldea global, el manejo de idiomas, ambientes de educación continua y a distancia, el relacionamiento con mine-

---

26 Extracto de las conclusiones del estudio "Ingenieros de Minas ¿Un recurso escaso?" profesor Peter Knights.

ras globales y asociaciones estratégicas son el día a día de las instituciones, son elementos que apuntan a la excelencia en los tiempos actuales.

En el 2003, el profesor Knights correlacionó la demanda de ingenieros de minas con la inversión extranjera en minería. Su modelo mostraba que cada 20,4 millones de dólares de inversión directa en el sector se requería un profesional de la minería. En su análisis, la oferta y demanda de profesionales iban de la mano hasta el año 1994, donde la demanda comenzó a crecer progresivamente en el país. Como se mencionó, aparte de la oferta histórica, solo el Centro de Minería de la PUC e Inacap abrieron programas de pregrado en los 90 lo que significó una brecha que requirió de traer profesionales foráneos para el desarrollo de iniciativas en el sector.

Si aterrizamos el diálogo al ámbito local, una buena duda es pensar si hay espacio laboral para todos los egresados de estos programas. Sobre todo si pensamos en lo que ha pasado durante los últimos 20 años: expansión de programas, matrículas y egresados. Pero la duda persiste, ¿existe espacio para todos en esta industria? La respuesta es ¡claro que sí! Solo debemos hacer las cosas de manera diferente.

El paradigma laboral durante muchos años consistía en tomar posición en operaciones mineras y de ahí hacer carrera, pasando por las principales áreas del negocio hasta llegar a roles gerenciales con ciertos años de profesión. Hoy, ese paradigma ha quedado atrás por las múltiples posibilidades que abren las empresas de servicios, contratistas, consultores y personal profesional de apoyo a las operaciones, más el ciclo de emprendimiento e innovación que crea nuevas empresas y posibilidades laborales.

En este mundo de gran dinamismo, la operación minera es una más de las opciones, aunque con la incorporación de centros de operación y control remoto, tecnologización de operaciones y uso de robótica, se apunta a un nuevo modelo operativo y por ende, a repensar el negocio.

En esa búsqueda de nuevos mercados, nuevos negocios y paradigmas, vemos cómo ha mutado la empleabilidad en el rubro. En los extremos de la carrera profesional, las dificultades son evidentes, tanto por la cantidad de oferentes para la cantidad de cupos disponibles en los recién egresados, como por el sesgo de edad para quienes desean prolongar su carrera profesional a partir de los 50 años o más.

Esto llama a la definición de políticas públicas para que aprovechen un potencial inmenso de mano de obra calificada que podrían significar nuevos empleos, negocios e innovaciones. Pero que topan con un diagnóstico poco alentador al día de hoy.

La experiencia innovando

En la época universitaria, era usual que me dijeran "las buenas ideas siempre tienen financiamiento". Hasta que lo intentas y te das cuenta que, o no era tan buena idea, o simplemente las vías de financiación son muy acotadas en Chile.

Una de las principales barreras de la innovación en minería es que cualquier prototipo, diseño o equipamiento es muy costoso. Y al no existir una cultura que promueva la innovación y un ecosistema que permita la financiación de proyectos con riesgo, termina significando una complejidad hacer cualquier cosa en la materia.

Basta pensar en equipamiento minero. Diseñar un equipo posiblemente pueda tomar un par de años, definir un prototipo y construirlo requiere de niveles de financiamiento que ni la banca ni los instrumentos públicos te pueden acompañar.

Recuerdo una vez que fui a un evento de emprendimiento y había varios "gurús". Entre la conversación y los casos de éxito, conté que era ingeniero de minas, que quería hacer un equipo y que para partir necesitaba 1-2 millones de dólares, la respuesta de uno de los gurús fue inmediata: "esa plata no está acá, debes levantar capital afuera".

Demoledor

Recuerdo unos colegas que intentaron una solución técnica de alta potencialidad. Para evitar incomodidades omitiré el segmento y de qué trataba su idea. Se juntaron dos amigos, desarrollaron una solución, se ganaron un fondo semilla más una línea de financiamiento Corfo y dejaron todo de lado por desarrollar su idea.

Dejaron sus trabajos y se dedicaron 100% a su emprendimiento. El primer año todo iba bien, estaban motivados y descubrieron la potencialidad de su producto. El segundo año salieron al mundo a mostrar su producto e intentaron comercializarlo. El tercer año los presupuestos escaseaban, el producto fue mutando —aunque seguía siendo muy prometedor— y comenzaron a realizar pilotos pagados que no dejaban caja para los desarrolladores. El cuarto año pararon y el proyecto quedó ahí en espera de una reinvención, reinyección de capital o un nuevo fondo al que postular.

He conocido muchos casos así en mi camino profesional. Y no hay que alejarse demasiado para darse cuenta que fabricar maquinaria a escala local es posible. En Perú, uno puede encontrar equipamientos de minería completos para pequeña y mediana minería. Pareciera ser que necesitamos innovaciones de clase mundial y una estrategia país que promueve esos productos. Pero, ¿estamos haciendo algo de eso? ¿Tenemos el conocimiento y la experiencia para hacer cosas así? La respuesta es sí, aunque eso debe ir acompañado de políticas públicas que incentiven ese tipo de iniciativas, que premien a los que emprenden y generen condiciones económicas que permitan acceder al capital de riesgo o a fuentes de financiamiento relevantes que viabilicen estas innovaciones.

Algunas ideas para una discusión

Con el análisis claro y la evidencia en la mesa, la pregunta lógica apunta a qué hacer para que exista un ecosistema que permita el desarrollo de talento en materias técnicas relativas a la minería. La búsqueda se centra en cómo aprovechar el capital humano de profesionales, la potencialidad oculta en innovación y el emprendimiento para generar nuevos negocios en el rubro. Es imposible pretender tener un oráculo con soluciones mágicas para estas materias, pero si existieran iniciativas públicas-privadas que permitan vislumbrar soluciones o al menos, para descubrir nuevas fronteras que hoy son difíciles de superar.

Respecto de la educación terciaria, la experiencia en países desarrollados apunta a una certificación de competencias por parte de profesionales. En Chile, el libre ejercicio de la profesión permite mezclar competencias y experiencias muy disímiles en función de un mismo puesto de trabajo y la sobreoferta tiende a buscar especificidad de funciones. Posiblemente, en el corto plazo, sean requeridas certificaciones dinámicas (que se vayan renovando o actualizando) para trabajar en determinados segmentos de la industria. Un primer paso ocurrió en 2007 con la Ley 20.235 que regula la figura de la persona competente y creó la Comisión Calificadora de competencias en recursos y reservas mineras. Al día de hoy, cerca de 400 profesionales están certificados para desarrollar estudios y validaciones en esas y otras materias (operaciones, planeamiento, proyectos). La idea es apuntar a cierto estándar en los próximos años.

La actualización de las mallas curriculares, en función de los nuevos desafíos que demanda la industria, muestra un paso lento respecto de la dinámica y complejidades que va tomando el sector. Eso, en un mediano plazo tiende a una obsolescencia de los programas, a una baja de la matrícula y, en no pocos casos, al cierre de carreras. Cursos de robótica, automatización y control, minería no metálica y desarrollo de habilidades blandas, son temas que de a poco se van incorporando en la formación de futuros profesionales. Y mientras antes se reaccione, mejor preparados saldrán estos alumnos para esos desafíos.

Otro tema no menor tiene relación con los acercamientos entre la academia y la industria. A todo nivel, y más aún luego de los años de pandemia, resulta vital impulsar agendas que permitan a los estudiantes conocer y vivenciar de primera fuente lo que son las operaciones mineras y sus desarrollos. A los académicos, a detectar problemáticas y desarrollar grupos de trabajo para analizar, estudiar y vislumbrar soluciones a problemas complejos de las operaciones, involucrar a investigadores de alto nivel en este tipo de desarrollos y generar con ello, un círculo virtuoso de ciencia aplicada a la industria con la opción de generar nuevos negocios y empresas a raíz de esos desafíos.

Para los egresados, hay cosas que entender. Lo fundamental es que el modelo clásico de carrera profesional es para una minoría de los casos y hay que repensar el futuro con nuevas herramientas para tener un espacio en la industria. Para ello, abrir nuevas fuentes de financiamiento para desarrollo de proyectos es clave. Y ahí hay grandes desafíos pendientes. Uno de ellos tiene relación con la apertura de la Bolsa en Chile a proyectos de explotación mineros. En los últimos años, se han dado algunos pasos en estas materias y hay anuncios interesantes. Uno de ellos, es la esperada integración en 2025 de las bolsas de Lima, Santiago y Colombia (NUAM Exchange)[27] hecho que podría dinamizar el acceso a capital para financiar proyectos de exploración[28].

También está el mercado Venture de la Bolsa de Santiago[29] que permite listarse en Bolsa y hacer doble listado con la Bolsa de Toronto en un acuerdo que parte en 2014 o iniciativas como ScaleX[30] que, a través de una alianza público-privada entre Corfo y la Bolsa de Santiago permite a empresas encontrar financiamiento levantando sobre 12 millones de dólares para 5 empresas listadas en bolsa al 2024.

Pese a esas buenas noticias, el proceso de listarse en bolsa es complejo, toma tiempo y recursos. Y es parte de la discusión

---

27 www.nuamx.com

28 https://www.sonami.cl/v2/noticias/mineria-y-mercado-de-capitales-proyectan-fomento-a-la-exploracion-minera-con-fusion-de-las-bolsas-de-lima-colombia-y-santiago-al-2025/

29 https://www.bolsadesantiago.com/mercado_venture

30 www.scalex.cl

el cómo generamos más instrumentos de inversión, más interés en proyectos con riesgo y en definitiva más opciones para que existan nuevos proyectos, desarrollo de innovaciones, emprendimiento y reinversión en un mercado que genera el 20% del Producto Interno Bruto (PIB) del país.

Hay potencial en cada persona que optó por estudiar ciencias de la tierra, minería y metalurgia. Es un porcentaje significativo de profesionales que busca crear valor en cada rincón de nuestro país. De exportar profesionales y técnicos para operar proyectos de toda índole fuera de las fronteras de Chile. El desafío es enorme y hermoso, y parte desde el reconocimiento del potencial geológico existente en el territorio, de las dificultades para acceder a las concesiones mineras, explorar y estudiar proyectos con potencial.

Existen desafíos como el cambio climático, que obliga a analizar, crear y gestionar planes alternativos para logística y suministro, control de operaciones ante eventos meteorológicos extremos y movimientos del personal en esos eventos; desafíos medioambientales como el uso y cuidado del agua, control de polución y residuos, desafíos técnicos como el acceso a cuerpos mineralizados en profundidad o la realización de minería en alta montaña en frontera con otros países para gestionar procesos de minería binacionales; desafíos como la incorporación de inteligencia artificial en procesos, análisis de imágenes, generación de planes o documentación para simplificar tareas rutinarias; desafíos como la automatización de operaciones, control de proyectos y el retratamiento de relaves en búsqueda de minerales de interés. La lista de desafíos es enorme para un mundo minero en constante cambio. Y para ese porcentaje minúsculo de mano de obra profesional que tiene a su cargo la creación de prácticamente un quinto del producto interno de Chile.

¿Qué nos falta para ello?

Posiblemente seguir apostando y crear ciencia en universidades, abrir múltiples opciones reales de financiamiento para emprender e innovar —y atreverse a hacerlo—, comenzar nuevos proyectos, generar la infraestructura necesaria para poder exportar minerales y tecnología a otros mercados y entender que la locura en la sobreoferta de profesionales muestra verdades incómodas, pero también entrega oportunidades increíbles si el aparato público y el sector privado apuestan por lo que algunos indican que es la viga maestra de la economía chilena.

EPÍLOGO

En este libro solo consideramos el análisis de la evolución de la oferta universitaria para los programas de minería. Hay dos áreas más que no hemos considerado en este análisis y que en una entrega posterior indagaremos su influencia e impacto. Me refiero a los programas impartidos en institutos profesionales y centros de formación técnica.

Es posible adelantar que en cuanto a matrículas, al día de hoy existen 3 institutos profesionales que dictan la carrera de Ingeniería de Minas (Inacap, IP Chile y AIEP) y 2 institutos que ofrecen programas de prosecución de estudios presencial u online (IPG y IP Cs. de la comunicación). Esto considera una matrícula total de 4.095 alumnos en 2023 con un 39.6% de matrícula concentrada en primer año. En los centros de formación técnica, los programas de Técnico en Minas tienen una matrícula total en 2023 de 3.324 alumnos con un 48.8% de ellos en primer año.

En Geología, la oferta es acotada a programas de Técnico en Geología, que se imparte en 5 institutos profesionales, más 2 programas a nivel de centro de formación técnica. Esto considera una matrícula acotada de cerca de 200 alumnos en total, lo que contrasta con los más de 4.000 alumnos universitarios que incluye la carrera de Geología en Chile.

En Metalurgia, la situación es algo diferente, pues los institutos profesionales tienen programas presenciales (Inacap) y online (IP Chile) en el sector y 5 institutos entregan formación en programas para Técnico de nivel superior en Metalurgia o Metalurgia Extractiva que, para el año 2023 consideran una matrícula a nivel de Ingeniería (IP) de 693 alumnos en total y a nivel de técnicos una matrícula total de 246 personas.

Así, la oferta de educación terciaria en carreras de ingeniería o técnico en minas integra en todos los tipos de instituciones a más de 14.000 alumnos, de los cuales cerca del 80% estudia un nivel de ingeniería y un 20% un rango técnico, en el caso de geología a poco más de 4200 personas y en metalurgia a 2800 estudiantes totalizando un universo en el área de casi 20.000 alumnos interesados en el rubro minero según los datos de 2023.

Y la pregunta lógica es saber si existirá espacio para todos.

Es complejo aventurar una respuesta, pues por un lado, la oferta está concentrada en los niveles profesionales con una baja tasa de técnicos en cada área estudiada. Por otro lado, la empleabilidad de estos profesionales y técnicos debe ser materia de estudio que considere cada vez más la amplia oferta de opciones de desarrollo profesional, no solo la gran minería de cobre en Chile, sino que las nuevas oportunidades que se abren en un contexto globalizado. Además, los nuevos desafíos de la industria minera toman tiempo en ser integrados por la academia y en ese contexto, gente que decide entrar en el rubro, al terminar su formación, debe adaptarse a nuevos y complejos desafíos, proyectos y requisitos, lo que gatilla la necesidad de formación continua y acreditación de competencias. Finalmente, el emprendimiento y la innovación deben ser fomentadas y alentadas con estímulos financieros significativos, pues los espacios para creación de nueva oferta de servicios, productos y proyectos tiene un enorme potencial, considerando la cantidad de gente en formación y las acotadas plazas laborales del sector al día de hoy.

Hay mucho para analizar y estudiar en el campo de la Economía de Minerales: el seguimiento de los datos de oferta y demanda, de profesionales y técnicos, en los próximos años, el surgimiento de nuevos proyectos a toda escala y las competencias necesarias para desarrollarlos, las nuevas fuentes de financiamiento y capitalización, el impacto de la mano de obra extranjera o los ciclos migratorios de profesionales y técnicos en determinados países o mercados, las políticas públicas y las iniciativas privadas que impulsan el ecosistema minero del país y la infraestructura y desarrollo logístico que permita a nuevos actores desarrollar iniciativas. Estos puntos son solo algunos de los temas que se podrían enunciar para avanzar en el futuro.

Pero es imposible detenerse aquí. Hay muchos desafíos e increíbles oportunidades que requieren del mejor capital humano posible. Y para ello, un elemento para la discusión es esta publicación, que esperamos continuar con nuevos análisis y publicaciones pronto.

REFERENCIAS

Reseñas históricas

- https://www.metalurgia.usach.cl/resena-historica: Departamento de Ingeniería Metalúrgica USACH
- https://metalurgia.usm.cl/quienes-somos/#historia: Historia Departamento de Ciencia de los Materiales. Carrera de Metalurgia, Universidad Santa María.
- https://uda.cl/index.php?option=com_content&view=article&id=11&Itemid=107 : Historia de la Universidad de Atacama.
- https://www.ucn.cl/facultad-de-ingenieria-y-ciencias-geologicas/departamento-de-ingenieria-metalurgica-y-minas/presentacion/ : Historia del Departamento de Metalurgia, Universidad Católica del Norte.
- https://www.eiq.cl/escuela/historia/ : Historia de la Escuela de Ingeniería Química, Universidad Católica de Valparaíso.
- https://minas.uchile.cl/departamento/historia : Historia del Departamento de Ingeniería de Minas – Facultad de Ciencias Físicas y Matemáticas – Universidad de Chile
- https://fi.udec.cl/facultad/departamentos/metalurgica/ : Historia del Departamento de Ingeniería Metalúrgica – Universidad de Concepción
- https://patrimonio.bienes.cl/patrimonio/establecimiento-metalurgista-de-vina-del-cerro/ : Detalle de Sitio Patrimonial Viña del Cerro – Hornos Huayras – Copiapó – Ministerio de Bienes Nacionales – Gobierno de Chile.
- https://www.memoriachilena.gob.cl/602/w3-article-546357.html : El desarrollo de la Geología en Chile. Memoria Chilena, Biblioteca Nacional de Chile

Citas bibliográficas

- Impactos socioeconómicos de la Minería en Chile: Magdalena Cardemil. Informe 04/23 de la Biblioteca del Congreso Nacional de Chile.
- Fuerza Laboral de la Gran Minería 2023-2032. Centro de Competencias Mineras. Consejo Minero.
- Informe de Política Monetaria. Diciembre 2023. Banco Central de Chile.
- Monitoreo de Variables e indicadores relevantes mediana y pequeña minería chilena. 22/2023. COCHILCO.
- Capital Humano actual y proyección de necesidades en la mediana minería del cobre en Chile. 16/2018. COCHILCO.
- Cifras actualizadas de la minería. Consejo Minero. Revisión Julio 2024.

Citas de prensa

- https://www.sonami.cl/v2/noticias/mineria-y-mercado-de-capitales-proyectan-fomento-a-la-exploracion-minera-con-fusion-de-las-bolsas-de-lima-colombia-y-santiago-al-2025/ : Fusión bolsas Latam. Nota de prensa Sonami
- https://www.rumbominero.com/chile/chile-empleo-promedio-en-el-sector-minero-crecio-23-en-2023/ Empleabilidad en Minería. Nota de prensa medio Rumbo Minero.
- https://www.bnamericas.com/es/reportajes/radiografia-a-la-mano-de-obra-minera-en-chile Empleabilidad en minería. Nota de prensa BNA Americas.
- https://www.iimch.cl/index.php/noticias2/iimch-al-dia/3278-

analizan-el-estado-actual-de-la-pequena-mineria-en-el-pais. Nota de Prensa. Exposición R. Varas. Sonami en Instituto de Ingenieros de Minas de Chile 2023.

Esta obra fue realizada por el equipo del Diplomado de Economía de Minerales del Departamento de Ingeniería de Minas de la Universidad de Chile. Pronto los datos, gráficos y análisis se dispondrán en el espacio web

www.obsermin.cl

www.ingramcontent.com/pod-product-compliance
Lightning Source LLC
La Vergne TN
LVHW060154051026
849517LV00007B/2681
* 9 7 8 9 5 6 6 4 4 6 0 0 2 *